大都會文化
METROPOLITAN CULTURE

大都會文化
METROPOLITAN CULTURE

大都會文化
METROPOLITAN CULTURE

大都會文化
METROPOLITAN CULTURE

打造一整年的好業績

Lessons for the Management of a Shop

店面經營的72堂課

許泰昇◎著

序・小商店何去何從？

若將人生比喻成一場競賽的話，那麼與同業之間的競逐，無疑的就像是一場長距離的馬拉松競賽，和對手比的是「能力、耐力、技巧……」。每位選手各盡所能的想要在競爭的環境裡脫穎而出，期盼自己能成為業界的巨擘，更希望看到店裡的業績能夠蒸蒸日上續創佳績。

在坊間的書局裡有著許許多多關於行銷方面的書籍，可以供有心想要在事業上尋求突破的經營者做為參考。

然而，在瀏覽過有關於商業企管類的叢書之後，卻發覺這些書絕大部分都是來自國外的翻譯本，不僅在內容的實例上，會因國情的不同而有所差距；除此之外更多是因為是翻譯的關係，使得在文字表達上顯得較為生澀，且這些著作重點多著墨在大型企業的管理方式，或是針對連鎖公司、大型量販店的銷售業務上做指導，至於小商店的經營與管理，不是所占篇幅極少，就是簡略幾句話交代過去，未能實際說出小商店的心聲……；因此，這也使得小商店的經營者，往往求助無門。

有鑑於此，我以本身經營小商店所累積的經驗，用白話的文字，以最淺顯的內容，來為廣大默默耕耘的小商店提出最好的建言，期待能讓「有心」想要突破經營困境的店家們，能夠得心應手的向廣大的消費者展現出優秀的銷售技巧，繼而創造出輝煌的業績……讓所有的小商店在未來的營運道路上，都能夠走得更為順遂、更為平坦！

書中沒有艱澀難懂的專有名詞，更沒有長篇大論的道理，全都直接且毫不留情的點出了小商店經營者常見的問題；期待這些小商店經營者，都能在閱讀之餘，痛定思痛的將自己已經清楚或仍然迷糊的缺點，詳細的列出來，確實予以改進。

畢竟，很多小商店的經營方式，實在也已經到了該徹底改革的時候了！千萬別醉生夢死不求改進，如「姜太公釣魚般苦守著顧客主動上門，因為當您用釣竿在釣魚時，別人早已用魚網在捕魚了。」

因此，當您還在觀望市場的走向時，別人早已邁開步伐向前衝刺，其主要原因在於他們掌握了市場正確的方向，而這剛好是小商店所欠缺的敏感度；在連鎖的大公司裡，有著專業的企管人才，可以針對某家營運不佳的店，進行嚴格的通盤性檢討，繼而提出具體的方案，讓負責此店的店長予以改進！

但小商店的經營者本身，自己往往就是老闆，而且也不是企業管理的專家，面臨事業瓶頸時，不是苦無對策就是放任不管，在求助無門的情況下，最後只得黯然接受生意逐漸沒落的殘酷事實。

據統計顯示，占絕大多數小商店的經營型態，都由夫妻倆共同創業、共同奮鬥，這也是所謂的「夫妻店」。然而這些夫妻店在生意的經營管理上，完全本著自己的意念，苦守著這間小店面，既無法創造出輝煌的業績，卻也不至瀕臨沒顧客上門的地步，於是業績就這麼浮浮沉沉的一天過著一天，面對逐漸凋零的生意卻不知該如何是好。隨著供需市場的改變以及財團的進駐，小商店此時正感受到來自大型量販店及全省連鎖店的新促銷手法，對店裡營業額帶來前所未有的重大衝擊。

通常「消極的店家」會自我安慰店裡生意不好是全球景氣不好的關係，等到景氣復甦的時候生意自然就會好轉，再者，就是漫罵對手的經營手段太過於惡劣，使得一些原本是店裡的顧客群都被他們搶走了而開始自怨自艾，告訴自己這只是一個過渡時期，總有一天那些顧客還是會再回到店裡的。但，「積極的店家」則會機警的察覺到這是一個危機，若再不尋求協助管道來改變以往作風的話，終有一天，將會步上結束營業的命運。

小商店「最直接、最經濟、最正確」的諮詢管道，在於如何從書中來獲取知識，加強自己的學識，再創事業的高峰。當您拿起這本書的同時，就表示您確實有心想要改變，讓自己脫離以往所迷惑的經營方式，用心的看完這本書之後，最重要的還是身體力行的實際去做，方能再創事業的另一個春天。

期許所有的讀者，都能好好利用小商店具有的豐富人情味的特色，用心將這個屬於「自己的小商店」應有的特點發揮得淋漓盡致，為每位顧客做最完美的服務。進而如社會上一顆顆小螺絲釘，各自在工作崗位上凝聚成整個完美的消費市場。

在此，我謹向所有奮鬥的小螺絲釘成員，致上最崇高的敬意，讓我們一起加油努力吧！

許泰昇

目錄

3講 商品管理

4講 令人滿意的待客之道

目　錄 CONTENTS

目 錄 CONTENTS

7講 小商店的忌諱

第1講

開張大吉

- ✓ 店門外看得清楚招牌和店名？
- ✓ 每天開店門都心情愉快？

Lesson 01

小店的親切感

小商店比起連鎖店，更能夠吸引消費者購物意願，原因在於小商店與顧客建立的「特殊親切感」是連鎖店所不能掌握的。通常一些連鎖店，由於服務人員的流動性或在職務上的調動相當大，在這種流動性大的情形下，很難讓銷售人員和顧客之間建立熟絡的主顧情感。或者因為好不容易才與消費者建立起來的主顧關係，也會因為公司人事上的調動，進而消失殆盡。

你我或許都曾有過這個經驗，當我們去大公司、連鎖店消費時，極有可能上次販售給你商品的售貨員，跟這次去同一家店所面對的售貨員，並不是同一個人，新的售貨員對於你的需要、喜好都還要重新摸索你的偏好以及消費習慣，自然的與顧客間的情感也需要在一段時間後，方能再重新建立。

雖然，或許你可能已經是這家店的主顧客，但新來的售貨員面對你時，卻依舊將你當成新的陌生人對待，絲毫談不上任何的主顧情誼；因為在大賣場裡，一切的交易只是在公事化的情況下完成，很難發展出顧客與售貨員間所建立的情感。

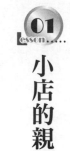

小商店大多由店東夫妻倆共同照顧著店裡的生意，對於經常上門的消費者，因為彼此長久以來所建立的情感，自然而然的就很輕易能掌握每個不同消費者各自的喜好，在消費者還沒開口說他要的是什麼產品時，或許店家已經能預先知道，消費者想要的是什麼商品了！

不知道你有沒有思考過這個問題，消費者為什麼會捨棄去大型百貨公司消費，而願意選擇光顧我們的小店呢？你所販賣的商品，在大型的連鎖店裡，或許他們也擁有相同甚至還更多樣化的商品，等著消費者採購。顧客來到你店裡消費時，也許還不如去大賣場購物時停車還來得更方便些！那麼，消費者為什麼還願意來這裡買東西呢？

小商店對消費者親切的服務態度，是一個很大的因素，消費者購物時所希望得到的親切感，很容易在小商店與消費者之間的互動得到滿足，街坊鄰居長久以來跟我們已經建立了一種大賣場所無法取代的親密感，來此購物，他不只能夠獲得所希望擁有的商品之外，還可以跟店家閒話家常聊一些與商品無關的話題，拉近彼此的距離。

好好活用小商店的優勢，讓消費者覺得，這是一家屬於他的店，當消費者想起了你所販賣的商品，就直接想起你，想起了你，就很自然的聯想到你所販賣的商品！能做到這樣的地步，成功已經離你不遠了！

課後復習
Point

好好活用小商店的優勢，
讓消費者覺得這是一家屬於他的店。

Lesson 02

從店門外，看店裡面

有一句俗話說：「旁觀者清，當局者迷。」身處在這競爭的洪流裡，想要能夠有著清晰的頭腦與眼光來好好分析自己的商店，就要看看是否擁有與別人相同的競爭力。看完本章節的同時，不妨走出店門口，當自己是一位路過的行人，從整個商圈看過去，此時先看見的地標，是哪家商店呢？若是一位想購物的消費者，你所經營的商店，會不會很清楚的就能讓消費者一目了然地發現？試著從整體的環境中，從各個方向客觀評估自己的店面，看看自己的店面有哪些特色，能夠吸引消費者的注意力。

在整個商圈中，你這家商店，有什麼特徵能吸引消費者的眼光，讓路過的消費者願意駐足在櫥窗前仔細欣賞？再比較看看自己的商店和緊鄰的店面，有沒有什麼區別？或許，附近的商店他們所販賣的商品種類和你是一樣的。

此時不妨比較一下，用心想想，如果你是消費者，你會選擇上哪一家商店消費，是他們的店？還是自己所經營的店呢？

若第一眼所注意到的是別家亮麗的商店上時，你可曾考慮過，是他們外觀的照明度夠亮、橫布條所打的廣告夠吸引人，還是店面合於時令的櫥窗布置，讓你願意多留一點時間觀賞……；再看看自己店門口的騎樓，是否被機車、腳踏車或放著一座請勿停車的拒馬，占據了想要來店裡消費的客人的停車位。

整個店鋪的外觀，給消費者的第一印象是很重要的，昏暗的照明、雜亂的外觀，不可能引起消費者想要進門購物的興趣！

有一些個性化商店，他們的做法就是從外觀上做文章；回想看看，你是否曾見過把整間店鋪設計成一艘船塢造型的餐廳；曾見過將整架飛機改裝成咖啡屋的商店？還有的是將整間店的外觀設計成一座美麗的花園城堡模樣……；這些店東願意花下大筆金錢將店面裝潢得與眾不同，目的就是要吸引消費者的注意力，讓他們來此購物時，仿佛身處在這浪漫的情境中，而這些用心設計過門面的商店，當然也都達到一定的宣傳效果，進而成功做到吸引消費者目光的第一步。

試著跳脫每天苦等顧客上門的小框框，走出去，從外面看看屬於自己的店面，用心思考，想一想，有沒有哪些地方是需要改進的，或是需要再加強門面外觀上的裝潢？有的話，就從現在開始著手去實行吧！

課後複習 Point

試著跳脱苦等顧客上門的小框框，走出去，
從外面看看自己的店面，想一想哪些地方需要改進。

Lesson 03

醒目的招牌，是吸引顧客注意的第一步

在車水馬龍的街道裡，林立著五顏六色的招牌，想要在這眾多商店中，吸引消費者的眼睛注意到這裡有一家店，確實需要用一點心思在這上面。招牌可說是一家商店的名片，就好比是個人名片一般，亮麗的招牌對於一家商店而言，是很重要的。

招牌，顧名思義就是招攬顧客上門的牌子，想一想我們店裡這面招牌的設計，是否能夠確實發揮招攬消費者上門的功能？

若是你的商店，地理位置處在過往車輛比行人還多的街道上，你必須加強的是一個十分醒目搶眼的招牌，來吸引開車族經過，驚鴻一瞥——「日間大型立體的招牌，夜晚閃爍的霓虹燈」都能夠凸顯出這裡有這麼一家店；倘若你的商店，騎樓總是有著川流不息的人潮，那麼製作大型的招牌反而沒有那麼的重要，此時吸引消費者的方式，應該在「櫥窗的布置上」多費心思，讓每一位逛街的潛在消費者能在逛街之餘，也能賞心悅目的欣賞著你精心設計的櫥窗，而合於時令節慶的布置、最新流行商品的展示……都能創造出令人全然耳目一新的感覺，更能增加消費者知道這家店的存在，繼而吸引更多的消費者上門。

很多小商店的經營者往往只將招牌的位置，狹義的定位在自己店門口的柱子上，再細心一點的，也頂多是盡其所能的，應用店裡、店外的硬體設備，充分加以運用多懸掛一些招牌，以凸顯出這裡有一家販賣某些商品的商店。

其實，只要稍微看一看市區裡一些大型的招牌，將不難發現，在最醒目的地方所懸吊的招牌，往往不太會是私人小商店的招牌，而是一些在市場上已經頗具知名度的商品廣告。

那麼，既然這些商品已經擁有了這麼高的知名度，業者為什麼還願意花這麼大一筆經費來做廣告呢？其原因在於業者想藉由大型的廣告招牌，來加深消費者對此商品的認同感，繼而激起潛在的消費意識。

只要用心做，「處處」都是介紹店名，讓消費者加深印象的好地方。

我就曾經建議一家髮廊，請他們在工作閒暇之餘寫一則廣告，張貼在市區裡的求職布告欄裡，裡面的內容是：「想找到一份好工作之前，先得有整潔的儀容！」當有意求職的消費者看到這則廣告時，通常會先反省自己，是否已經具備整潔的容貌以面對下次的面試？這則廣告，自然順水推舟的提醒了這些消費者，要面試前先來這家髮廊做一做頭髮。

顯而易見的，這些類型的廣告費用，根本不用業者花費太龐大的金錢，也不會只將店裡的招牌硬梆梆固定在自己店門口。這可算得上是一本萬利的廣告方式，但還是要再三提醒讀者特別要注意的一點是——「切勿亂貼廣告，以免受罰。」

課後複習 Point

只要用心做，「處處」都是介紹店名，讓消費者加深印象的好地方。

Lesson 04

愉快的開店門

人，總是會有情緒上的變化！當然，生意人也不例外，不過既然要開門做生意賺顧客的錢，身為店東的你，就不能讓不高興的情緒來影響你所接待的消費者，如此會使他們對你留下不好的印象。

一位優秀的售貨員就如同一位優秀的演員！一流的演員在上台演出前，也許心裡面正承受著極度的壓力、莫大的挫折等情緒，然而，當他上台演出時，就必須要將所有的不愉快拋之腦後，「專心、盡情」的取悅台下每一位觀眾，忠實的扮演好自己舞台上的角色。一位優秀的店員也應該如此，在開門做生意之時，也應該將所有不愉快的心情放在一旁，全心全力以愉悅的心情去迎接你的顧客。

好的演員會珍惜每一次上台表演的機會，優秀的店員，也要懂得珍惜每一次消費者所給予的機會。

坊間有一些關於ＥＱ管理的書籍，裡面所強調的就是提供情緒管理的方法，以及告訴我們情緒管理重要性。總結書裡面所強調的意思，不外乎是說，縱使有著很高的

IQ，若是不能妥善管理自己的EQ，與別人的相處上將會產生極大的障礙與隔閡。書上告訴我們，別用不好的情緒去面對每一個人，更別以不好的心情去處理每一件事情，更何況是要上門消費的顧客！

當客人進門，想要購買他所希望的產品時，此時心情是愉快的，也充滿對此新貨的期待……倘若此時，店裡的接待人員正因某些不愉快的心情影響了平日待客所具有的親切態度時，顧客所面對的是一個板著一副臭臉的售貨員，消費者會有一種滿腔熱沉突然被澆了一盆冷水的感覺。此時，不僅很難達成此筆交易，更會給顧客留下一個很不好的印象。

第一次來店裡的消費者，會覺得這是一家服務態度很差，心裡面想著說，以後再也不要來這家店了！常常來店裡的熟客，也許會在心裡面納悶的想：「老闆今天是怎麼了？是我得罪他了嗎？……真令人失望啊！」

中國有一句亙古不變的至理名言——「和氣生財」，這句話明確的點出了這個道理，當你帶著愉快的心情面對顧客時，顧客也會被那愉快的心情所感染，繼而在良好的氣氛中，進行著一筆又一筆的交易。

倘若，今天的心情實在是糟透了，即使試過所有方法依舊不能讓愉快的心情調適過來的話，與其勉強開店做生意把不好的情緒發洩在每一位上門的顧客，倒不如出去走一走，舒緩一下不好的情緒，沉澱一下浮躁的心靈，這會比勉強開門做生意，還來得實際一些。

課後複習 Point

好演員會珍惜每次上台表演的機會，
優秀的店員，也要懂得珍惜每次消費者給予的機會。

第2講

店面經營

- ✓ 店裡不昏暗、基本照明足夠？
- ✓ 有以顧客的角度環視過店內？

Lesson 05

營業時間的固定

自己開店當老闆的經營者，經常是「每年、每天」日以繼夜的辛苦工作，連讓自己喘息的時間都沒有，深怕因為某天的休息，促使消費者跑到別家店去購物，流失自己好不容易建立的客源。

再不然就是因為休息的時間不固定，一切隨自己高興，完全沒有考慮到消費者。你是否想過因為這種不定期的休息，而造成消費者購物不方便。固然，經營的是小商店，也該為自己安排固定的休息時間，但休息時間必須規律，每天的營業時間從早上幾點到晚上幾點，在每一個月要休息哪幾天，應該明顯標示在醒目的地方，讓消費者能夠清楚看見。

若是平時已經與顧客間建立了良好的主客關係，又何必擔心會因為休息的時候未開門營業而讓基本的消費者流失了呢？倘若在平時就不好好的經營，就算這家店是全年無休，一天營業時間長達二十四小時，恐怕也不會有消費者想要上門購物吧？

讓店裡的開門時間與打烊時間都固定，對你與消費者都是雙贏的局面，別再讓門外的消費者，苦苦守候著這應該開始營業卻依舊大門深鎖的店。或許，他今天可是向公司請假，專程上門來購買他想擁有的商品呢！讓消費者在店家無預警就休息的情況下白跑一趟，將是店家責任上的疏失。

「既然要休息，就光明正大的休息！」但有些店家，他們雖然也都有著固定的休息時間，然而，他們總認為與其告訴顧客在休息，不如換一個說詞告訴消費者說是去在職進修，藉此來矇騙消費者以博取更多的專業形象。對此行為，我深深不以為然，我們都知道人不是機械，就算是機器每天不停的運轉，還是需要休息的；倘若明明是去休憩，卻欺瞞消費者說是去在職進修，如果在某一個風景區或是某個遊樂場被顧客看到了，試問他又將何言以對呢？

該休息時，就放鬆心情坦蕩的休息！該工作時，就盡全力專心的工作！如此，我們才能從休息之中激發出工作的動能，也才能讓在辛勤工作之際，同時享受為事業打拚奮鬥的成果。

課後複習 *Point*

該休息時就放鬆心情坦蕩的休息！
該工作時就盡全力專心的工作！

Lesson 06

店面的基本照明

店面要有基本的照明亮度，甚至白天也要維持一定的照明。

在白天，別以為外面的陽光已經夠亮，就忽略室內的照明光線；店門外的亮度會讓你視覺產生某種錯覺，以為店裡面也和外面一樣明亮，其實並不盡然，此時若是店裡沒有足夠的照明，一明一暗的對比效果，外面明亮的陽光，只會讓從外面往店裡看的消費者感覺店裡更昏暗，到了晚上可以再利用燈光來加強照明，以凸顯店裡商品的特色。

有一些店家或許是基於電費的考量，認為反正現在又沒有客人上門，與其開著這麼亮的電燈浪費電費，倒不如先把店裡面的燈全部關掉，如此一來也可節省一些電費，心想等到有客人上門時再開燈也不遲；就這麼把店裡面的燈光幾乎全都關閉，只留下一盞小小的燈光，閃爍著微弱的照明……。

這種只會在小地方斤斤計較如何節省小錢，而不積極尋求讓顧客上門之道的店，通常在沒有顧客上門的時候，總是習慣性把店裡面的電燈關掉，等到顧客上門的時候再匆忙的把電燈打開；這會給消費者一個非常不好的感覺，消費者心裡面可能會這麼想——

「這家店是不是都沒有客人，等到我上門的時候才要狠狠的敲我一筆？」

第一印象就給客人一種很深的排斥感，導致消費者在一進門時，既然有了不好的感覺，那麼這家店在下一步的商品銷售上會更加辛苦。

明亮的燈光，不只能吸引消費者上門，也能營造店裡面充滿朝氣的氣氛，更可以藉由特殊的燈光照明設備來表現這整件商品的質感，繼而增加商品本身的價值。

燈光在為商品增加價值的效果上，是不容輕忽的。

你可以試著算算，現在店裡面的燈光，若全都打開時所需電費是多少，再算一算若是堅持等消費者上門時再開電燈，所省下的電費又是多少錢？將它們比較試算看看，你就會發現，把電燈關掉等待客人上門時，一天所省下的只是區區幾塊錢，經由下面的公式，將可以明瞭維持店裡基本照明所需費用又是多少錢！

每一度的電費計算方式是指，每一千瓦（W）的電力／連續使用一小時，所需要的費用，以目前在台灣的電費來計算，營業電費一度是新台幣3.02元（註：以非夏月最低電價為準），以一支四十瓦的日光燈為例來計算，讓它連續點亮一小時後，它所用的瓦數是0.04瓦，（計算公式為40W／1000W＝0.04W）0.04瓦再乘以3.02元，所得的答案是0.1208元。所以，一支四十瓦的日光燈，它一小時的電費是0.1208元，若連續點十小時，電費約為新台幣1.2元。

任何生物都有趨光的習性，身為人類也不例外，愈是明亮的地方，也愈容易聚集人潮。當你在計算過電費之後，還會為省下這區區的幾塊錢計較？把店裡的照明關掉而讓消費者覺得整家店絲毫沒有活力，產品黯淡無光，商店才會了無生機吧！

課後復習 Point

明亮的燈光不只能吸引消費者上門，營造店裡充滿朝氣的氣氛，更可以表現商品的質感。

Lesson 07

舒適的購物環境

根據專家研究，人體在攝氏二十五度的溫度時，感覺最舒服，心情也最能夠放鬆；換言之，一個清爽的購物環境比較能引起消費者的購買欲望。以服飾店為例，在明亮的燈光照明下，每一件衣服都充分展現出迷人的風采；然而，在大量的燈光照射下，室內的溫度必然也隨之升高，若在沒有冷氣來調節室內溫度的情況下，消費者在踏入店裡沒多久後，就會汗流浹背、渾身不舒服，想奪門而出。在燥熱的環境中，人們很難培養出愉悅的購物興趣，又怎麼會有那個心思願意多待一分鐘，在店裡慢慢挑選他所中意的商品呢？

以我們自己為例，在被外面的豔陽曬得暈頭轉向之時，如果正值用餐時間，你會希望找一家正開著冷氣的舒適小餐館用餐，還是願意屈就在燥熱下，隨便找個酷熱難當的路邊攤進食？

又，例如外面的氣溫是如此寒冷，當消費者進門時所直接感受到的是一個相當舒適的溫度、溫暖的環境、多樣化的商品，再加上店家親切招呼顧客的態度；縱使門外的氣溫是寒冷的，門內的氣氛卻是是暖和的。此時，如果願意再為你的顧客做更進一步貼心的服務，不妨適時再奉上一杯熱茶，讓這股暖暖的感覺，直達消費者的心坎裡。在你盡心為顧客著想的情形下，相信任何一位消費者也都願意將腳步放慢一些，在店裡面多做瀏覽。

設想，此時你店裡的溫度是設定在這種舒適的溫度下，不只你整天看顧店裡生意的心情會覺得愉快，相對的，連到店裡購物的消費者也會自然的處在這種無壓力的狀態之中。

現在市面上經常可以見到販賣著眾多可以舒緩壓力的香氛，你可以適度的讓店裡擁有一絲淡淡的香氣，讓上門來的消費者心情更舒緩、情緒更為緩和。但是，香味不宜過於濃郁，因為必須顧及仍有少數的消費者並不喜歡這種味道。使用香氛讓香氣在空間中慢慢散發開來，讓它在一天十多小時的工作時間裡，放鬆我們緊繃的情緒，緩和工作上的壓力。

課後複習 Point

在你盡心為顧客著想的情形下，相信任何一位消費者都願意放慢腳步，在店裡多做瀏覽。

Lesson 08

商品的陳列

商品的陳列方式，應將之區分為「主力商品區」、「促銷商品區」及「流行商品區」。在來來往往的人潮裡，愈是擺放在接近騎樓位置的商品，愈是容易吸引消費者的注意力。若沒有好好規劃商品的陳列方式，雜亂無章的貨品隨意擺放，這會讓路過的消費者完全看不出這家店有什麼特色，而在這裡的櫥窗中，也嗅不到一點點流行的感覺。

櫥窗裡的展示，應該著重在當季的流行商品上面，一家經營頗為成功的商店，甚至也肩負著告訴消費者今年流行趨勢的使命。在巴黎，經常可以看見來自世界各國的服裝設計師，流連忘返於香榭大道上。他們在這些布置精美的櫥窗前尋求靈感並品味著今年流行的風味。這些位居全球服飾店龍頭的名店，所表現出來的就是將當季流行商品，陳設在最醒目的櫥窗位置，以做為全世界流行的新指標。

「主力商品區」所陳列的商品，通常是我們店裡最主要的收入來源，在這一區所擺放的商品，以店裡的動向來說，應該是每一位消費者都會經過的地方，這裡應當有著最舒適的座椅，更有著精心設計的燈光來展現出商品的特質。消費者在這裡和店家進行著商品交易的過程，也在這裡與消費者建立未來的互動關係。

「促銷商品區」則將它們擺放在店鋪的最裡面，當消費者想要購買促銷商品時，無形中就必須經過「流行商品區」，知道目前的流行趨勢，也會在瀏覽過「主力商品區」的實用商品後，最後才能抵達「促銷商品區」。在前兩區的展示裡，消費者看到了流行，也感受到商品的實用性，到此他會再次考慮是否還是要購買這些低價的促銷商品。

同樣是店裡所擁有的商品，如果擺放位置錯誤的話，將不能提高店裡的營業額。促銷商品擺在最外面，那麼店裡的主力商品將乏人問津；流行商品擺在最裡面，也容易讓消費者在第一眼的感覺上以為這家商店沒有新貨，好的商品應擺放在最醒目的位置才能讓商品發揮出最好的效果。

課後復習 *Point*

同樣是店裡所擁有的商品，如果擺放位置錯誤的話，將不能提高店裡的營業額。

Lesson 09

坐顧客的位置

不知道你是否曾注意過，在優秀的幼稚園裡，校方規定園裡的幼教老師要和小朋友說話時，不能以站立的高度和小朋友說話，而必須要蹲下來，以小孩子眼睛目及的高度來和小朋友說話。

園方的用意，是希望每一位老師都能夠從小孩子眼睛的角度去看整個世界，設身處地的以小朋友的立場，去發覺他們所看到的東西，而不是以大人的眼光，高高在上的處理每件事情。看的角度不同，所得到的結論自然會有所不同，再者與小朋友眼睛平行的距離交談，也更能夠消弭彼此間的隔閡，增加彼此間的認同感。

在我們的賣場上，你是否曾試著以消費者的身分，全程體驗過當一位消費者來到我們這家店時，他所看的的一切？商品的陳列，店家與消費者所觀看的角度是不同的！若這些商品是擺放在櫃檯裡面，在視覺上的感覺更有著一百八十度的不同。

不要老是坐在自己的位置接待顧客，在自己的位置上，你永遠看不見消費者所看到的一切。起個身，到消費者所坐的椅子試看看，檢查一下消費者所坐的座椅是否舒適？

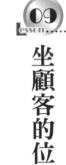

燈光的照明，是否會投射到消費者的眼睛；冷氣的出風口會不會讓消費者所坐的位置太冷？在消費者的位置上，他是否能夠輕易的就觀賞到我們櫥櫃裡的每一樣商品；從消費者的角度看平時我們所坐位置的身後，有沒有一些雜物出現？這些都是在我們的位置看不見的，然而卻是在消費者眼中，看得一清二楚的。

店家不只要以消費者眼光所及的角度去看這整家店面，更要用消費者的心去體會整間店的感覺，才能成就一家成功的黃金店面。

課後複習 Point

不只要以消費者的眼光去看整家店，更要以消費者的心體會整間店的感覺，才能創造黃金店面。

第3講

商品管理

- ✓ 商品都有標價而且乾淨無灰塵？
- ✓ 每週的進出貨明細都相當清楚？

Lesson 10

進貨量的比例分配

如果是夫妻倆共同經營的商店，會在每月甚至於每年中，盤點一次店裡庫存量的店家，可說如鳳毛麟角般的少之又少。若問他店裡面缺少什麼貨品，或者是有哪些商品屯積的數量太多了，所得到的答案，全憑店東個人的感覺。在日積月累缺乏對商品有效管理的情形下，使得店裡面的商品不是經常缺貨，就是在無形之中進了很多相同的產品。重複購進太多相同的商品，對於店裡資金的靈活運用，有很大的致命傷！

甚至於有些商店，因為沒能有效管理進貨數量，導致連一些已批購多日的商品都還未能訂價上架。久而久之，連身為經營者的店東也都忘了有這批商品的存在了，更別說當初購買這批商品進來時，期盼靠這批商品賺點錢的想法。

對於一些熱門商品因為沒能有效盤點庫存數量，而在進貨量嚴重不足的情形下，導致消費者上門選購他所希望的商品時店家卻無貨可賣，此時消費者除了轉向別家商店購買之外，別無其他選擇。此時，店家不但喪失成交這筆交易的機會，若是經常讓上門的消費者在這裡老是買不到他想購買的東西時，也有可能因此流失這位客人。

完全依據自己喜好進貨又不能有效管理商品，以這樣的態度來經營商店的結果，不只會讓這家店的客人嚴重流失，也會在無形中增加我們的成本，到後來所賺到的，只是讓你屯積更多過時且賣不出去的貨品。

「進貨的款式、數量」不能全憑店家個人的喜好、進貨時的情緒，以及與廠商的交情做為依據；要以客觀的方式去判斷目前市面上流行的趨勢，以及未來商品的走勢。將你的腳步放在同業之前，別跟不上時代的潮流，老是進一些即將被潮流淘汰的貨品。想要培養出卓越的進貨眼光，則有賴於平時多方面接觸來自各行各業的訊息，此外也可以經由上游廠商給我們的建議，來做為進貨時的參考。

用一點時間為店裡的商品做一次總盤點，盤點後做一分記錄，將店裡面目前過剩的貨品羅列出來，並將缺少的貨品寫下，若需要跟哪位廠商訂貨，事不宜遲，馬上拿起手邊的電話立刻著手進行。「積極的態度」，正是優秀的經營者必備的條件之一。

課後複習 Point

「進貨的款式、數量」不能全憑店家個人的喜好，而要客觀判斷市場流行趨勢所在。

Lesson 11

貨物的管理

在開店多年的小商店裡，經營的日子一久，總會庫存一些已退流行的商品。這些商品並不是在品質上有瑕疵，而是流行的趨勢已經改變，使得這些過去原本十分搶手的熱門商品，如今卻乏人問津。

對於屯積在店裡的過時商品，要如何處裡這些閒置的「不動產」，是需要商店的經營者用心思考量的！任其擺放在商店的櫥窗裡，等待某一天消費者的青睞，或許也是一個方法，但如此消極尋覓再售出的機會，成交的機率恐怕不大。

若是店裡陳列太多的過時商品，會使消費者嗅不出這家店有什麼新潮的東西，他們還會覺得，這家店怎麼都賣些過氣、退流行的商品？當熱賣的風潮過後，店家應該很機警的思考，這些商品顧客接受的程度是否在逐漸的降溫，進而開始減少進貨的數量。

若此時店裡的商品在還不是太退流行的情況下，可以積極以低於市價的價格，盡快促銷拋售掉。如此犧牲的做法，雖然對成本而言會有些捨不得！然而長痛不如短痛，與其等到日後這些商品真正無人問津，甚至是以低於成本的價格都還不能吸引消費者購買的時候，再來面對著這些銷售不出去的貨品時，倒不如趁著還有消費者喜愛的銷路末期，將之低價拋出，多收回一些資金，做將來進新貨時的資金運用。

如果，這些商品真到了無人聞問的地步了，不妨將這些商品免費贈給常來店裡的熟客，一來，不只讓這些退流行的商品有了出路，免於遭受被丟棄到垃圾桶的命運；再者，也能藉此來回饋長期照顧店裡生意的消費者。

在這裡要強調的一點，此舉並不是要將店裡不要的東西硬性塞給消費者，而是希望能在店家與消費者及退流行商品之間，尋求一個三贏的局面！

雖然是免費贈送給消費者的東西，也應當考慮消費者是否有此意願想要接受這項商品！若是消費者本身對此商品沒有興趣，店家也不要強迫消費者硬行接受。

而在贈送給消費者的同時，應當婉轉的告訴消費者，這是已經退流行的商品，若是承蒙他不嫌棄，再請消費者將這商品收下來。此時店家若能再將這件退流行的商品予以適度的擦拭並加以包裝之後再送給消費者，就是一項完美的演出。

課後複習 Point

要如何處裡這些屯積在店裡的過時商品，是需要商店的經營者用心思考量的！

Lesson 12

賣客人他所需要的商品

不要以自己的第六感去評論消費者所購買的金額及商品種類；你的「商品樣式、商品價格、業者的服務態度……」若能讓消費者非常滿意的話，顧客所購買的金額，往往會比你原先所預估的高出很多。

每一個人對生活上所重視的感覺並不一樣，對於人生所追求的事務也不盡相同。有人寧願每天在家裡吃著一餐十幾元的泡麵，卻捨得花費大筆金錢在穿著上面，購買光鮮亮麗的名牌衣服。有人肯把一整個月的薪水，投入他所喜歡的高級音響上，卻捨不得為自己買一雙每天都要穿的皮鞋。有人一擲千金連眉頭都不皺一下的購買上百萬的名車，但卻依舊穿著那件千瘡百孔的內衣。

每個人的興趣與喜好都不相同，店家千萬不能以消費者的外表穿著來為消費者下定論，認為他只適合哪一些商品、他可能會買什麼價錢的東西，而輕視了消費者的購買能力，如此妄下結論的對顧客做評斷，最終吃虧的將是店家。

對於我們的客戶，除了先禮貌性的徵詢消費者所想選購的商品之外，在你主動拿出商品給消費者做選擇時，可以試著拿出三種不同價格的產品，一一為消費者做簡介。在為消費者介紹完這三種不同價差的商品後，應該從消費者對於哪一類的商品比較有興趣，而再多拿一些跟此商品價格接近的產品，來供顧客選擇。

觀察消費者對哪一類價格的商品比較中意的技巧，其實很簡單，如果細心一點，不難發現消費者對哪一個價位的商品注視的時間最長，或是對哪一個商品所提出的問題最多。從這些小細節，我們就能夠很輕易的了解，消費者所中意的類型及價格是什麼。此時，方可就這些商品為基礎，再試探性的介紹同類型但售價稍高一點的產品；然而這段價差的拿捏必須謹慎，弧度不可過大，否則是很難讓消費者接受的。

銷售的原則在於你能夠賣出消費者最想擁有的產品和他所最願意支付的價格。而不是一味很簡單的將低價位的產品銷售出去，也不是強烈的推銷高單價的商品。過與不及的銷售都不能稱得上是一位優秀的售貨員。

消費者或許會因為一時的激情，被能言善道的店家迷人的言詞所誘惑，而購買了超出他預算很多的產品。通常，這類的消費者在日後會有後悔的感覺，他們也都會將這一切完全歸咎於售貨員不誠信的推銷上。

銷售出比消費者原先想購買的金額還低的產品，是店家的損失，銷售出比消費者原本想購買的金額高太多的產品時，日後也必然會引起消費者的反感。

若是店家直接詢問消費者，他所希望購買產品的預算是多少，是很沒有禮貌的行為。身為商店的經營者，應該訓練出能夠在與顧客交談的同時，於無形中用很技巧的方式來了解消費者的需求。

課後複習 *Point*

銷售的原則在於你能夠賣出消費者最想擁有的產品和他所最願意支付的價格。

13 Lesson…… 開放式的商品展示

現代化的商品陳列方式，已經漸漸脫離昔日那種只將商品放在顧客看得到，卻摸不著的玻璃櫥窗陳列方式；取而代之的是有愈來愈多的商店，願意將商品以「開架方式」來做陳列，擺放在消費者伸手可及的地方。

此舉的用意，無非是希望來此購物的消費者，在開放的空間裡能夠有更多接觸商品的機會，進而拉近消費者與商品之間的距離，引起他們的購買欲望。既然商品都願意以開放式的方法做陳列了，何不多鼓勵消費者拿起他所中意的商品來試用看看呢？

曾經在某個賣場的開放式展示區上見過一個牌子，上面寫著：「請勿觸摸，若有損壞照價賠償。」基於好奇心的驅使，我想了解，消費者看到這個牌子之後的反應；既然是以開放式的商品展示方法，為什麼這店家卻反其道而行，又禁止消費者去拿商品起來看看呢？

觀察了一個下午，只見到任何有購買意願或想在店裡稍做瀏覽的消費者，在看了這個警告牌子後，就真的沒有人會拿起這個商品來看；儘管這項商品做得十分精緻，價格也訂得非常低廉，卻引不起消費者進一步購買的意願。

這種既想跟上時代潮流而採取開放式商品展示，又自我設限，不希望消費者拿中意的商品起來看的做法，無意是本末倒置了開放式展示商品的用意。

賣場若是能將這個「請勿觸摸」的牌子，換上一個寫著較戲謔的用語「歡迎試用，如有損壞不用賠償」的牌子後，消費者基於好奇的心理，便會拿起來試一試。若消費者從中體會到擁有這件商品所能帶給他的好處後，也會增加購買這件商品的機會。

當消費者感受到店家願意大方的提供商品來免費讓消費者試用時，是沒有任何一位消費者會想要蓄意破壞這項商品的。如果店家在消費者的試用時，發現這產品的損壞率極高的話，那麼，店家是否更該考慮一下這件商品的實用性。

做生意，難免也會遇上一些順手牽羊的鼠輩，而這種開放示的擺設是他們最容易也最喜歡下手的地方；但也不可因此將每位上門的消費者都定位在可能是來偷東西的狹隘觀念裡，以如此負面的眼光去對待消費者，將使得消費者對你異樣的眼光產生極度的反感。

畢竟，會偷東西的人只是極少數中的少數，我們不能以偏蓋全的否定每位消費者，以及開放式陳列商品所帶來的商機。畫地自限的結果，只會讓自己的路愈走愈短，心愈來愈狹窄，直到最後把自己封閉在死胡同裡。

課後複習 Point

愈來愈多商店願意以「開放架的方式」陳列商品，讓消費者有更多接觸商品的機會，進而引起購買欲望。

Lesson 14

商品的清潔工作

每一件商品都有它的「流通期」，而每一個行業所販售的商品，它們的流通期當然也都不盡相同，我們不太可能在批貨進來的同時，就將所有的產品都賣掉；自然的，這些商品就一直擺放在店裡！

貨品在上架展示一段時間後，多多少少都會蒙上一些灰塵，此時，若沒有用心將貨品整理清潔，當消費者要選購貨品時，拿起布滿灰塵的商品，他們心裡的第一印象，會覺得這是一家很不用心經營的商店，也會對這些商品的品質接受程度及進貨日期產生質疑。消費者心裡面不只會覺得，這家店的老闆很不用心經營之外，還會認為這家店的生意應該不是很好吧！這些商品，可能很久都沒人動過了，否則，怎麼在商品上會布滿了厚厚的灰塵，也都不去整理呢？

日復一日做著單調的清潔工作，時間一久，人往往會變得倦怠，很容易不再像從前那麼勤快，再也不想每天辛辛苦苦的，去擦拭那停留在商品上的灰塵；但是店裡面的清潔工作又不可一日荒廢，因為這關係到整間店面給予消費者的感覺。

想要解決此一問題，可以考慮請一位工作伙伴來店裡幫忙，若核算過盈餘後，營業額達到某一水準，可以聘請個全職的人員，一整天在店裡幫忙。若是事業只是處在剛起步階段，也沒有足夠的預算，來支付員工每月的薪資，那麼，請工讀生來店裡幫忙，也是一種不錯的方法，「按時」或「按件」計酬只需要支付少量的金額，就能夠完成清潔工作。

然而，要了解的是，在與消費者應對的能力上，工讀生畢竟跟專職工作人員不盡相同，專職人員除了在清潔工作幫我們的忙外，經由在職訓練技術養成之後，也能在接待客人方面了解銷售技巧，幫助我們分擔店裡的工作，而工讀生所做的，只是單純的清潔工作，對於整體表現上的質與量，是不能相提並論的。

當我們踏進一家餐廳用餐的時候，如果踏著的是黏答答的地板，觸目所及，桌上擺著上一位客人用餐離開後店家尚未收拾的碗盤，這種杯盤狼藉的情況，任憑再有食欲的消費者，也會退避三舍，而不願在這種髒亂的環境裡用餐。所以，清潔的商品是每一家店最基本的工作，清潔工作不只是餐飲業要注意，也是每一個行業都要隨時謹慎注意的。

課後複習 Point

整潔的環境與商品不只是餐飲業的基本工作，也是每一個行業都要隨時謹慎注意的。

15
Lesson……

商品的訂價

一件沒有訂價的商品，會使想要購買的消費者心生怯步進而打消購買的念頭。雖然，消費者心裡面中意這件商品，但由於「價格」因素的考量，將會是影響到交易是否成功的主要關鍵因素。

面對一件未明確標示售價的商品時，絕大部分的消費者所採取的方式是放回他手中的貨品，因為沒有標示售價的商品，很難讓消費者產生信任感；通常，在沒有確定有購買意願的同時，消費者並不會想向店家詢問價格。若這件商品消費者確實是十分喜愛，他才會拿著中意而卻沒有標示售價的商品向店家詢問價格；此時，店家所開出的價格，或許真的比市價還要便宜許多，但消費者的心裡，還是會對店家所開出的價格心存疑惑。

這種沒有在商品上標示價格，售價完全由店家口述的做法，不只在價格上無法讓消費者感到信服，搞不好，消費者還會懷疑店家是故意哄抬售價！某些消費者，選擇商品的方式是以「價格」做考量的，沒有訂價的商品要如何讓消費者消費呢？若每樣商品都得拿去詢問才能知道售價是多少？不要說店家被問的次數多了，消費者也會因為每件商品都必須詢問，而心生厭煩。

面對店裡眾多沒有訂價的商品，店家能否真正做到，每位消費者向你詢問價格時，都能十分有把握的回答出商品的「同一售價」而不會出錯？要知道一次的出錯就足以讓消費者對於這家商店的信譽大打折扣的。

在日本料理店的櫥窗裡，不難看見他們店裡面賣的是什麼餐點，商品的售價又是多少；一些比較用心的商店，甚至還會將他們的餐飲做成精緻的模型來吸引消費者購買的欲望。在這些樣品中，我們能預先知道所購買的餐點中，有著什麼樣的內容物，它的份量是多少，以及它所販賣的價格。

商品標價的重要性是不容輕忽的，讓消費者事先知道他想購買的商品價格是多少，讓消費者在一開始的挑選當中就能盤算自己的荷包，針對預計購買的金額來選擇所需的商品；這對於彼此在時間的掌控上，以及商品的成交率是有很大幫助的。

課後複習 Point

一件沒有訂價的商品，會使想要購買此商品的消費者心生怯步進而打消購買的念頭。

Lesson 16

商品訂價的標準

「相同的商品要有相同的訂價。」某些上游廠商提供我們貨品時，並不會硬性規定這項商品的全台統一販賣價格；自然而然，商品的零售價就由店家自己斟酌。至於影響商品價格高低與「進貨成本、商場開支、損壞或滯貨成本及所欲賺取的利潤」等等有關，由這些總和算出商品的價格。

某些商品或許會因為進貨時間點的不同，導致進貨成本不一；或者，因為廠商的優惠、進貨的數量……有著不同進貨成本的情況出現。然而我們的訂價，也不能因此而出現相同商品卻有「高低訂價」的落差，店家寧可降低之前商品的訂價，也不要抬高售價；「回饋利潤給消費者」是博得顧客信任的方式之一！

有些消費者會選擇到大賣場購物的理由，是因為商品價格絕對透明化。雖然售價不見得是最便宜，但在大賣場裡，很難找到一樣沒有訂價就上架的商品！也因為這個因素，使得消費者普遍認為，他們既然都敢把價格清清楚楚的標上去了，價格應該也是很合理的。

訂定商品價格，也要有一套標準的計算公式，在每一次的商品標價時，應遵循這個公式，計算出所應當標示的價格。某些店家習慣在標價上使用高標低售的行銷策略。對每一位上門的消費者，不是打對折，就是以比訂價還低很多的價格售出，讓消費者誤以為店東在價格上對他有著特別的優惠；這種欺瞞顧客的銷售方式，總有一天當他們的伎倆被消費者發現時是會被徹底唾棄的。

標價之初，應盡可能的確實標上所欲販賣的金額，小商店不像百貨公司、大賣場可以做到完全不二價的地步！若碰上喜歡討價還價的顧客，在給予消費者售價的折扣上，也不應該和訂價牌子上所標示的價格有太大差距。

我們給顧客的減價，是否該在訂價之初就先預留給消費者殺價空間呢？同樣的商品，若是消費者在別家店裡所看到的標價比這家高標價的商店要低的話，恐怕這家高標價格的店，連想要向消費者表明可以給予多少折扣的機會都沒有。

店家也不宜常用折扣戰的割喉手法來吸引消費者上門。雖然以比別家店還低的價格售出，確實能吸引一些貪小便宜的消費者來購買一些折價商品；但是，對於一直光臨這家店的忠實顧客來說，卻是不公平的，因為有可能在他需要購物時，享受不到這項優惠，當他想再次購物時，就會出現一種期待的心理——「等等看」，看看是否還會出現另一波的折扣廣告，當他發現這家商店沒有任何折扣時，就不願意再購買，若不得已需要在平時購物的消費者，也會有一種「買到的比別人還貴很多的商品」的不舒服感覺。

課後複習 Point

商品訂價與「進貨成本」、「商場開支」、「損壞或滯貨成本」及「所欲賺取的利潤」等等有關。

17 Lesson……

商品的保存期限

有些商品的標價是由店家自行訂定的，而訂價所用的標籤，店家若肯花一點巧思在上面，又能設計出一款別緻又獨特的圖案，如此一來，將有別於市面上的傳統標籤，很容易帶給消費者新鮮感。

某些商品，若製造廠商已提供了販賣價格，則不宜將此標價取下，換上自己調高後的價格再給予消費者更大的折扣。如此一來，若是消費者在別家商店看見了相同產品，卻因店家不同而有了不同訂價時，則會對高標價格的店家產生反感。

在店裡的訂價標籤上，你可曾注意到以前進貨時的產品訂價牌，與現在剛上架時所訂價的新牌，新舊感覺是否一樣？舊標籤上的價格是否已經退色？牌子上的價錢是否已經模糊不清……諸如此類的小細節，或許會因為每天的接觸而不自覺；也或者，我們內心也已經習慣了它舊舊的感覺呢！？

然而，消費者的眼光是很銳利的，同樣的商品，同樣的售價，消費者會選擇那個訂價牌看起來比較新的。因為新的訂價牌，顧客會認為這是剛進貨的新產品，而不會去挑選那個掛著舊標籤的商品。店家要時時檢視這些訂價牌，稍微有舊的感覺時，就應當立即更換，以免給消費者留下不好的印象。

對於有保存期限的商品，更應該要時常注意它們的保存日期，千萬不可讓消費者比你早一步發現「過期商品」，這會讓消費者將這件事情當做是一個話題，告訴他的朋友，說他在某某商店裡看到過期商品，這對店家的形象將會是很嚴重的打擊。

若這位消費者願意告訴你這商品過期，此時店家應心存感激的向這位消費者致謝，並立即將此項商品撤架，而且保證以後不再讓類事情發生！有效率的商店應該在進貨時，就將這些有保存期限的商品做好一份產品的追蹤記錄表，以方便隨時追蹤這些商品。

畢竟，沒有消費者肯願意花錢購買過期產品的！成功的推銷不只贏得酬勞，更贏得顧客的信任；一旦消費者對你有了信任感，在日後的業務推廣上，將會更加順遂。

課後復習 Point

成功的推銷不只要贏得酬勞，更要贏得顧客的信任。

第4講

令人滿意的待客之道

- 能自信、宏亮地向顧客介紹商品？
- 客人不購買不會立刻擺臉色？

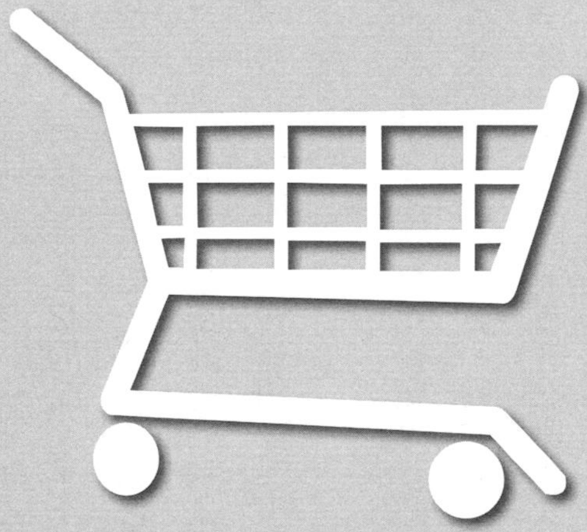

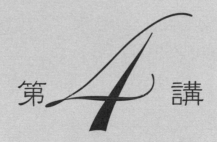

Lesson 18

擁有眾多產品商店的應對

消費者對於店裡面貨品確實的擺放位置不可能比店員還清楚。某些消費者上門來，並不想在店內四處閒逛，只想找尋所需要的東西，而且是很直接的希望拿了商品就走；但當他所見到的盡是琳瑯滿目的商品時，根本就不知道所需要的商品放在何處。

消費者對於不清楚的事，最直接的反應就是詢問店員，如果此時店員手邊的工作並不是真的很急迫，而且消費者所需的商品並不複雜，則應請消費者稍後，由店員親自去將消費者所要的商品帶到櫃檯讓消費者選購。

若消費者所需要的商品種類多且較複雜，或重量及體積都比較龐大的話，也應該請店裡其他員工帶消費者到商品陳列的地方，再請消費者慢慢挑選。但要記得千萬別像跟屁蟲一樣，客人走到哪裡，店員就跟到哪裡，既不開口詢問消費者需要什麼服務，卻又如影隨行的跟蹤著消費者，然後又表現出一付愛理不理的樣子，這種漠視消費者存在的接待方式是很難讓人對這家商店產生好感的。

曾經在某家商店看過有位消費者詢問店員某某商品放在哪裡，只見那位店員埋首做著他的工作，也不抬起頭來面對消費者，就直接用手指指了一個方向說：「東西在那邊，自己找！」有趣的是，那位消費者竟往著反方向走過去，那邊正是大門的出口處。

我想，消費者最不能忍受的是不被店家尊重的感覺，當他感覺到未被這家商店重視的時候，會繼續在這家店購物的意願也將隨之降低，這一切所呈現的原則是「正比」反應的。

你對顧客的態度愈尊重，消費者給予的回報也愈多。若是店家對消費者不理不睬，顧客最簡單也最直接的反應，就是再到別家懂得尊重他的商店去購買他所需要的商品。

課後複省 Point

你對顧客的態度愈尊重，
消費者給予的回報也愈多。

19 Lesson……

不要對第一個進門的客人，就要求收服務費

很多小型商店，因為所從事的是服務業，自然會有一些消費者上門的目的，是想尋求你為他做某些商品上的服務，而不是想購買商品。「服務業」就是以服務顧客為導向的行業，如眼鏡業，面對的是上門調整眼鏡的顧客，西藥房的客戶則是要求量血壓，修車業者的顧客，要求為輪胎打氣……這些林林總總、瑣碎的服務工作，在一般時候，是不會收取客戶任何費用的。

然而在台灣，卻經常看見某些店家有一個很不好的觀念，總認為開門做生意，就一定要向每位顧客收錢，特別是每天開店後第一個上門的客人。在他們的觀念裡認為，如果不向第一位來店的顧客收取一些費用的話，將會是一個很不好的兆頭。

若店家一昧的迷信，認為如此一來將會嚴重影響一整天的收入，使今天收入變少。於是，這種原本不收取任何費用的服務，卻變成了必須向消費者收費的陋習，如此一來，這種毫無科學根據的收費，不只店家收錢收得不安心，消費者給錢也給得不愉快。

有位朋友就向我抱怨過，她曾經到某家知名髮廊剪頭髮，回家時發現左右兩邊的頭

髮剪得高低不齊，隔天早上她又回髮廊找昨天那位師傅要求為她修剪整齊，那師傅很俐落的一下子就修剪好了。此時，卻要求顧客付一般剪髮的費用，我那朋友告訴師傅，她昨天才在這裡剪頭髮，今天再過來，是因為昨晚頭髮剪得兩邊不對稱而希望稍微做修整的！那師傅不只沒為昨天的疏失向消費者道歉，他的回答更讓人為之氣結。他說：「我知道！但是我們店裡的規定是，只要動刀，就一定要收錢。」你說，這位消費者還願意再來這裡消費嗎？

雖說要維持一家店面的正常營運，合理的收費是必須的。然而，在這種情況下向消費者所收取的任何費用，都會影響消費者對這家店的觀感，他們會認為這是一家唯利是圖的商店，怎麼連這種最基本店家該做的服務都要收費，因此留下了不好的印象。

若這項商品是消費者向你購買的，他心裡對這家商店的反彈勢必更為強烈，也會覺得這家店很沒有人情味，連做些最基本的服務也要收費，在付帳時，不只店家收錢收得心虛，顧客不滿意的表情也會同時寫在臉上。店家也不要為了想成交上門的第一筆交易，而對於某些消費者無理的殺價行為，隨意就答應了。別再為了向每天第一位進門的消費者收取那區區的幾塊錢，而讓整間商店的信譽受損了。勿因小失大，這種收費，怎麼算都不划算的！

當我們成交了一筆生意，店家的心情都是愉快的，原因不單只是賺取到酬勞，更深一層的心理層面剖析則是消費者在我們的推薦引導下，信任我們的產品及所販賣的價格，而願意掏出荷包來購買商品。這種正向的實際動作，讓我們得到了肯定、成就與信心，這也是每一家商店能永續經營下去的動力來源。

課後復習 *Point*

生意成交時的愉悅，不單只源於酬勞，更深一層的是消費者對我們的信任。

20 Lesson……

不是來店裡消費的停車問題

很多商店都位處在繁華熱鬧的街道裡，在這種人來人往的地區開店做生意，固然很容易讓消費者知道這裡有某家商店及販賣什麼商品……但如此一來，也容易讓開車而來的消費者，產生停車不方便的問題。

小商店不像大型百貨公司有專用的停車場供消費者使用，而必須讓想來店裡的消費者自尋停車位。因此，停車不方便的問題一直困擾著小商店，這也使得消費者對於想上門來這裡購物的興致，打了不少的折扣。

在無處可以停車的情況下，若此時消費者想購買的商品不是那麼重要或沒有急迫性，在開車轉了幾圈後依然找不到停車位，很有可能就打消了購買的意願。

在沒有劃停車格的地方，不能因為想讓上門的消費者停車更方便，而對停在店門口卻又不是來店裡消費的民眾惡言相向，趕他們離開。這種路霸的惡性，只會增加與人磨擦的機會，對店裡的營收，是沒有一點點好處的。

現在大都會裡，路邊都劃有收費停車格供駕駛人使用，在公平使用的原則下，每一位駕駛人都有平等的機會，你的商店要是夠吸引人，消費者他絕對願意多走幾步路來店裡消費。倘若這是一家惡名昭彰的店，就算他空有幾千坪的停車場，恐怕也沒有消費者願意上門購物，若是連讓人在你門口停車的雅量都沒有的話，又怎能成就一番大事業呢？

在停車位一位難求的情況下，某些消費者可能為了貪圖一時的方便，而將車子任意往人行道一擺，或乾脆在路邊與其他車輛並排而停。此時消費者進門，在心態上只想盡快買到他想要的東西，不會希望聽你一五一十詳細解說某產品的特色。在此情況下，應請店裡的人員，在外面幫他留意車子是否會被拖吊，使消費者能夠安心在店裡停留較久的時間，完成購物。此外，對於他的購物需求及結帳流程，也應該在最短的時間幫他處理完成。

若是你的商圈附近有私人的收費停車場，不妨考慮購買停車鐘點來供消費者使用。我們不見得需要做到代客泊車的服務，因為小商店人手不足是一個相當現實的問題，但若是消費者有需要，我們也可以做到在消費者打電話來時，開車去接消費者到我們店裡的服務。多以消費者的立場，來為消費者設想——「能再為顧客做什麼」是每位經營者應該有的態度。

課後複習 Point

多以消費者的立場，為消費者設想——

「能再為顧客做什麼」是每位經營者應有的態度。

Lesson 21

找給顧客的錢

當我們完成了一筆交易，從顧客手中收取貨款時，除了要記得用雙手接過顧客所支付的金額之外，客人若是以信用卡來支付貨款的時候，店員也要能在第一時間就判斷出信用卡的真偽。

刷卡帳單上的金額，在請顧客簽名的同時，也應先將簽帳單上所列出的金額明確指給客人看清楚，並複誦一次金額，待顧客確定所需支付的金額沒有錯誤時，再請其簽名，以避免日後衍生出刷卡金額錯誤的糾紛。當我們核對過消費者的簽名沒有錯誤時，再雙手奉還客人的信用卡。

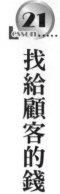

至於刷卡機所放置的位置，應盡可能擺放在客人看得到的地方，不要把店裡的刷卡機放在桌子底下。更糟的是設置在顧客完全看不見刷卡機的地方，顧客若看不到你在他面前完成全部透明化的刷卡動作，心裡會產生是否被盜刷的疑慮，既然店裡不會做這種事，何不將整個刷卡過程攤在陽光下完成，讓客人安心呢？

若客人支付的是現金，也千萬別在顧客面前將鈔票拿起來又是照燈光、又是看防偽線的左右端倪，這對客人是很不禮貌的行為，雖然我們都不希望收到偽鈔。然而，過度檢驗顧客所給予的是否是偽鈔，這對顧客誠信是一大侮辱！若沒把握在第一眼就能肯定感覺出鈔票的真偽，乾脆就將檢驗真偽的工作，交給驗鈔機完成。在顧客面前完成檢驗工作，倘若真的發現偽鈔，即使退回給顧客，他也會坦然接受的。

在找給顧客的零錢方面，也應該注意到紙鈔的新舊程度，太舊的紙鈔不能拿給客人，雖然不一定要是全新的，但起碼也應有七成新才能拿給顧客。此刻，不妨在腦海中想像一個畫面，顧客左手拿的，是剛剛向你購買的閃閃發亮的全新商品，右手卻拿著店家找給他的滿是皺摺、髒兮兮的紙鈔！你認為顧客對這家店有好印象嗎？

在每日結帳，準備明天要找給客人的零錢時，就要將太舊的紙鈔篩選出來。過年時，我們手拿新鈔那種感覺是愉快的，試問，又有誰願意在過年時口袋裡放的是髒兮兮的舊紙鈔呢？「人同此心，心同此理」，若客人一手拿著他剛剛購買的新產品，而你找給他的卻是破破爛爛的舊鈔票，若你是客人，心裡做何感受？

零錢的準備數量也要夠充裕，不能等客人需要找零時，才發現店裡準備的零錢不夠找給客人。此時再慌慌張張的四處籌湊零錢，不是翻找衣服口袋裡的小鈔，就是急急忙忙的跑到隔壁商店換找零錢，如此一來，不僅會增添顧客等候的時間，也可能因為自己的匆忙而出錯。

收取顧客支付的金錢時，應明確說出收到顧客多少錢，在找客人錢時，除了微笑用雙手拿給客人所找的零錢外，還須口述找給顧客的金額是多少錢。這樣的做法是讓店家可以再做最後一次的檢視，看看找給消費者的金額是否正確，消費者也可以確認收到店家找回的零錢數目是多少。雖然這是一個小小的動作，卻可以避免彼此日後衍生找零錢數目不對的糾紛。

店裡面的金錢收入，要歸納出一個專門收納的地方，不宜將店東口袋中的皮夾當成是商店裡的收銀台。每次消費者購物後支付的貨款，或是要找給顧客的錢，老是從口袋的皮夾中掏出來，極易讓消費者認為：「這個老闆，真像是一個視錢如命、十分寒酸的守財奴！」

課後複習 Point

店裡面的金錢收入，要有一個專門收納的地方，不宜將店東口袋中的皮夾當成收銀台。

Lesson 22

不要眾多店員，圍繞著一位客人推銷

消費者購物時，最不喜歡的感覺就是感受到壓力！這種壓力來自於對陌生環境的不熟悉，對商品的品質、價格的不確定感，以及店員的強勢推銷，這些都會使消費者在購物過程中覺得有壓迫感，而無法以輕鬆的心情，去仔細挑選他們真正中意的產品。

在這種心態下，也導致了某些消費者要購物時，寧願先到百貨公司逛一逛，試圖初步了解一下商品的大約價格及款式——在那裡想怎麼逛、怎麼看，只要不要太靠近櫃檯，就不會有售貨員過來糾纏不清。這種不喜歡被打擾的消費者購物心理，是身為店東的經營者不能不知道的一件事。

消費者進門時，做為一位優秀的店員，必須確實做到察言觀色的地步。親切的與他打招呼，詢問顧客有什麼需要服務的地方，這是店家最基本的禮儀，以後則端視消費者的反應，再決定我們的進退。

若消費者直截了當的告訴你需求是什麼時，當盡其所能的為他做最完善的服務。若消費者回答你，他想四處看一看店裡的商品時，也應該請他自由參觀，若有任何需要，都可以隨時告知。此時，就不宜再緊跟在消費者後面，而是要離開且隨時保持機警的態度，當消費者有意向店家問問題時，能夠很快速的到他身邊向他說明。

當消費者需要店員為其做商品解說時，千萬不要讓店裡的員工一擁而上，七嘴八舌地向消費者推銷商品，「一位店員」對「一位消費者」做解說時，在顧客的心理上，會感覺彼此是在平等的架構上進行這筆交易。若小商店的交易過程，如同一場小型的談判會議，對等的談判因素或是消費者的人數居多，會讓顧客在心裡面有一份優勢的安全感；此時，若是店裡其他店員也一起參與這筆交易過程時，不僅會使得消費者在潛意識裡覺得自己氣勢沒那麼強而心生畏懼，更會讓消費者產生一種似乎有非買不可的壓力存在。在招架不住來自四面八方的壓迫感時，便會選擇逃離這個現場，自然這筆交易就此告吹。

一位優秀的店員，自然要養成能夠從容應對同一批進門消費者的能力，除非真的無法同時對同行的消費者提出的問題或一一詳細回答時，才要請其他店員來幫忙。否則，店裡好幾個店員就只圍繞著一位消費者大力推銷，千萬不要讓這種事發生。

消費者上門購物時，我們都會很自然的起身招呼顧客，親切的詢問消費者，有什麼需要效勞的地方，而消費者在我們和藹的態度下，漸漸的也會很快解除他那原本緊繃的自我防衛心理。

在一陣熱絡的交談過後，消費者會告訴你他所希望購買的商品款式，而你也初步了解這位消費者預計購買的商品種類及金額；當這一切雙方都已取得共識，若這筆交易，因為臨時有事必須由另一位店員來接替或繼續和這位消費者完成交易的情況下，通常這筆生意，成交的機率就會變得很低。

因為新的接待人員與消費者之間，對於彼此的需求都必須要重新開始建立；而消費者在購買意願尚未十分堅定的情形下，有可能心生想去別家店做比較的念頭而藉機離開。

如果事情真的那麼緊急，有讓你不得不離開的因素，在徵得消費者同意換另一位店員為他服務的同時，也應該一併將你剛剛給這位消費者「所做過的承諾、介紹過的產品、商品價格……」詳細告訴接替你的店員，除非萬不得已，否則還是不宜輕易更換接待人員，如此喪失與顧客的互動，對於主客雙方都沒有好處。

課後復習 Point

消費者進門時，做為一位優秀的店員必須確實做到察言觀色的地步。

Lesson 23

給顧客的承諾，要於期限內確實完成

對於答應顧客的事，千萬不能掉以輕心而忽略！一定要確實遵守，不論對顧客承諾的大小事情，只要是經由你傳達到了消費者那裡，就一定要想盡辦法克服萬難，認真完成你給予顧客的承諾。

信譽是商店的生命，這是任何一位經營者都知道的一件事，上至跨國企業的大公司，下至一人經營的小商店，都得明白「良好的信譽」是讓商業能永續經營下去的基本法則。良好信譽的建立，雖然是由很多方面組合而成的，但對於給顧客的承諾是否能確實完成，則是占了很大的一個因素。

某些人在做生意之際，往往為了達成這一筆交易，就輕易的承諾消費者所提出的要求，不論消費者提出什麼明知道自己做不到的條件，總是習慣性信口開河的回答：「好的」、「沒問題」、「一切包在我身上」，直拍胸脯做保證。等到交易完成時，也將剛剛給予顧客的承諾忘得一乾二淨。

或許你可能已經忘了方才隨口答應過了消費者什麼，但消費者可都記得清清楚楚的，因為這事關消費者本身的權益，況且消費者之所以會跟你成交此筆交易，也可能是你剛剛給消費者的承諾，使他安心，而下定決心購買了這項商品。

若這位隨便答覆消費者的售貨員無法兌現承諾，此時消費者的失望程度可想而知。消費者的心理會由失望的情緒轉變成憤怒，繼而對這家店存有深刻的惡劣印象。較嚴重者，還會因此而心生敵意，全盤否定這家店的一切，只要是跟這家商店有關的任何產品，都會被這位失望的消費者排斥。此後，任憑這家商店做了再多的廣告和解釋，恐怕也只是徒勞無功，無法再吸引這位顧客上門了。「記得，別答應客戶你無法完成的事。」

至於承諾的項目則包括「對顧客的品質保證、價格保證、交件時間的保證、產地保證、來源保證，以及售後服務的保證等等」，任何一項給顧客的承諾一定要確實遵守。承諾交貨的時間一定要確實守時，將我們有十足把握的交貨時間告知顧客，並徵詢他的同意。一旦雙方都確定了交貨時間，店家就不可一延再延，造成消費者的困擾。提前太早交貨，也容易造成消費者的不方便！或許，也會因此讓送貨去的店家，在發現消費者不在家的情況下，多跑了一趟冤枉路呢！

對於售後服務的承諾，也不可以藉故推拖，消費者希望看見的是你給予的滿意答案，而不是無法兌現承諾時，店家長篇大論的理由，別再對你不懂的事做出承諾，也不可以承諾明知道自己無法完成的事情。

如果擔心自己因為粗心而疏忽了對顧客的承諾，應該在給消費者承諾的同時，就把對於顧客的承諾，當著顧客的面前用筆詳細記錄下來，一方面讓消費者知道你十分重視這件事，另一方面也可以時時提醒自己，要盡快完成自己說過的承諾，這對於提昇店家商譽是有很大幫助的。

課後複習 Point

別再對你不懂的事做出承諾，
也不可以承諾明知道自己無法完成的事情。

Lesson 24

記住顧客的個人資料

當消費者進門時，如果你能立即叫出他的名字，和他打招呼，這很容易帶給消費者一種十分親切的感覺，他會覺得這家店是他所熟悉的店，老闆記得他。

若是他和朋友一起光臨你這家店，更能讓他在朋友面前有一種光榮的感覺，甚至他還會跟朋友炫耀一番，告訴朋友說他跟老闆是多麼熟悉；消費者對這家店的歸屬感，與對這家店的向心力，也在此時悄悄建立起來。

每一個消費者上門購物時，都希望自己被當成貴賓般對待，而不希望被冷落在一旁。跟顧客聊天時，若你還能親切的詢問他上次購買的商品使用後的情形，會讓消費者知道你很在乎他的感受。

在閒聊之時，親切問候他家裡的情形，小孩上小學了吧？先生上次榮升經理後工作還愉快嗎？最近還有沒有出國旅行呢？出自內心的關懷消費者的近況，把每一位消費者都當成自己的好朋友般對待，讓顧客感受你對他的關懷是真心的，而不是出於商場上的應對禮儀。

同樣是銷售，「用九分鐘和顧客做親切的閒聊問候，用一分鐘談商品」會比用九分鐘對顧客解說商品，用一分鐘和顧客聊天，所得到的效果還來得容易將商品推銷出去。

消費者重視的是自己的感覺，而不是店家的感覺。在與消費者的談話之中，用心去找出消費者潛藏在心底購物的實際需求。然後，再以消費者的立場，去為他找出最適合他的產品，只要消費者的感覺對了，這就是一件好商品。

課後復習 Point

以消費者的立場為他找出最適合的產品，
只要消費者的感覺對了，這就是一件好商品。

Lesson 25

給予顧客的折扣，要有一定的標準

某些消費者，喜歡到小商店購買商品的一個因素，是可以和店家老闆討價還價一番；他們在這種討價還價的過程中，獲得另一種購物的樂趣——與對商品價格的一份安全感。

這種殺價的行為在大型百貨公司或量販店裡是看不到的，而小商店因為店東本身就是經營者，對商品的販售價格有著最終的裁量權，不像大型百貨公司的銷售員，大多不能自行給予消費者大幅度的減價服務。

面對一些極會殺價的消費者，店東也會在適當範圍內給予消費者些許折扣，以期能完成這筆交易。然而，應該給予消費者多少折扣也應該有一定的標準，不能全憑店東當時心情的好壞，而隨便想給客人減價多少就減價多少。

沒有給予消費者一定標準的折扣，不僅對自己沒有好處，也會對未來的生意造成莫大的傷害。

若某位消費者曾經來你這裡購物，覺得你的貨品、價格及服務態度，都值得他推薦給親朋好友，而他所介紹的朋友來店裡消費後，卻發現折扣竟是隨心所欲的漫無標準，有可能會造成兩人先後購買了同一商品，卻出現兩種截然不同的價格。

介紹他朋友來我們店裡購物的顧客，若知道這種情況，心裡面必定會覺得這不是一家誠實的商店，心生不滿，進而失去這好不容易建立起的信任感，當然，店家也將永遠失去這兩位顧客。

減價的幅度也不可以因為今天的顧客不多，為了想多成交一筆交易的情形下，即使消費者殺價的價格超過自己預定的售價，依舊草率答應消費者無理的殺價行為，破壞了自己訂下的減價標準。如此輕率的答應消費者的要求，無異是殺雞取卵，斷了自己的後路。

試想，這位消費者下次若再回來購物的時候，還會相信你訂的價格嗎？想當然爾，他下次殺價的幅度一定會大於前次，倘若此時店裡面還有其他顧客在場，聽到你曾以如此低廉的價格賣給別的消費者，而他卻因為信任你，沒向你殺價就買了比較貴的商品，任憑哪一位消費者，心裡面一定都極不舒服的。

當然，並不是每一位消費者上門論及商品價格時，都會討價還價一番，有很多消費者是依照我們訂定的價格，認為合理後，直接就付款給我們。此時店家也千萬別因為消費者沒有殺價，而連應該給的折扣都沒有降價給消費者。

如果你店裡千真萬確已經做到完完全全的「不二價」，當然我們不用給消費者任何金錢方面的折扣，否則，小商店必須注意，同樣商品一定要販賣同樣價格。

對於長期來我們店裡購物的消費者，我們給予他的優惠，並不一定要在價格方面做考量；送給消費者一些經由我們為顧客精心挑選的小禮物來回饋他們，往往能得到消費者更好的回應及效果。

課後復習 Point

沒有給予消費者一定標準的折扣，不僅對自己沒有好處，也會對未來的生意造成莫大傷害。

Lesson 26

用攝影機記錄與顧客的對話

我們對顧客敘述事情、推銷商品時，店家是否能夠成功完成交易，往往跟售貨員能不能充分掌握說話技巧、用語、音量與對消費者的態度，有著極大的關係。

不適當的談話技巧，很容易因此得罪客人，用太過於高亢的音量與顧客交談，極容易給人很不禮貌的感覺；若以過於微弱的聲音和消費者交談，不只無法達到溝通的效果，消費者更因為需要聚精會神去注意聆聽而覺得累。這不只會讓人覺得，你對這項商品的實用性缺乏自信心，所以才會心虛的說這麼小聲，還會認為這是家沒有朝氣的商店，因為不能從你這裡感受到商品的活力與服務的熱忱。這帶給消費者的感覺，與一位充滿自信的語氣、展露自然親切的笑容和幽默的談話技巧來面對顧客的售貨員比較的話，必然會有迥然不同的結果。

很多世界知名的歷史人物就是透過豐富的肢體動作來加強他所要表達的意思。在我們與消費者交易的過程中，如何藉由一些肢體語言來增強顧客對我們的信任？唯有自己多加練習，在整個練習的過程中，反覆找出自己的優缺點。

如果你手邊有攝影機，可以試著在消費者上門購物之際，透過攝影鏡頭，全程將你與消費者交易的過程忠實拍攝下來，待沒有客人之時，將剛拍攝的放映出來，此時，你所看見的自己，正是消費者眼中的你，你所聽到為顧客做的解說，也是剛剛那位消費者聽到的。

這是多麼能夠讓你仔細對自己的表現客觀評分的奇妙工具！你會看到當時的表現，也讓你更能了解自己向顧客說了什麼話、做了什麼事，消費者的回答是什麼，而你又是怎麼告知消費者的，邊看邊想，這是不是當時想要呈現給消費者的感覺。

虛心檢討整個交易流程中，有哪些地方需要再改進，是我們的肢體語言未能配合當時的情況，或是遣詞用字哪裡不妥當，又或是哪些地方我們表現的不錯，應該予以保留。

透過鏡頭或錄音機的協助，找出自己的缺點，確實加以檢討改進，也找出自己的優點，給自己一點喝采的掌聲，期許自己在接待顧客方面，能做到最完善的零缺點地步，讓我們可以為每一位上門的消費者做最妥善的服務。

課後複習 Point

能否完成交易，往往跟售貨員能不能充分掌握說話技巧、音量與態度，有著極大的關係。

27 Lesson……

制定一套標準的待客流程

想讓每一位上門的消費者都能有輕鬆愉快的購物經驗，商家需要用心設計出一套完善的接待流程。首先，以經營者的立場想想看，我們在業務上有哪一些事情是必須做，也必須告訴消費者的，這是最基礎的流程。然後，再以消費者的立場去設想，有哪些事務是消費者希望我們做的，這就是附加流程。

基礎流程是每一位消費者上門時，我們必須做的工作，至於附加流程則隨機應變，視消費者的需求做改變。把這一切鉅細靡遺的記錄下來，整理出一套消費者上門時的基本接待流程，再按部就班依照這個模式反覆加以練習。

熟稔的接待技巧是需要在平時多加訓練的，光在心裡沙盤推演是不夠的。純熟的待客技巧必須經由自己一而再、再而三，經常反覆加以練習才可以具備。

從演藝事業去發掘，我們不難發現，想要成就一部高水準的影片之前，所有演員總是經過了無數次的彩排與無數次的ＮＧ，再結合各演員的力量，方能有水準以上的演出。「想要成為一位傑出的銷售員，也是相同的道理！」

今天，我們很慶幸因為開的是小商店，所以能夠有足夠的時間在平時多做練習，而練習的對象，並不一定要在與消費者互動時，才能從中學得經驗。在顧客還沒上門之前，可以彼此模擬的最好實習對象就是夫妻倆或工作伙伴。放下自己就是老闆的主觀意識，將一方當成是上門要購買東西的消費者，另一方當成店家，想想你平時是怎麼接待上門的消費者，確確實實一步一步的，不要省略某些步驟，也不用刻意加強哪些部分，就照著你平時的習慣去做。

整個流程走過後，夫妻倆再針對有哪些缺失需要改進，共同檢討。待確實提出改革方案之後，並不忘相互督促，徹底實施。使得日後來我們店裡的消費者，都能充滿著期待而來，帶著愉悅的心情回去。良好的推銷商品技術，並不在於咄咄逼人的犀利口才，而在於出自內心，誠心誠意的來對待顧客。

課後復習 Point

純熟的待客技巧，必須經由自己一而再、再而三，經常反覆加以練習，才可以具備。

28 Lesson......

對每一個來店裡的客人致謝

每一位願意來店裡購物的消費者可以說是我們的衣食父母，也是我們要感謝的人，沒有他們的光顧，就沒有這家店的存在。懷著感恩的心面對每一位上門的消費者，不論他今天上門來是否有購物，商家都應該誠心誠意的接待他。

對於某些未成交的消費者，今天他既然光臨了這家店，即使未購物，商家也要心存感激的接待他，有可能他只想先了解一下中意的商品價格行情是多少，也有可能是他雖然喜歡某一項商品，但身上帶的錢不夠等等原因。

面對這些客戶，也應該本著親切的服務態度，詳細為消費者解說，有了對商品的基本認識之後，日後他若想購買此類商品，也會因為對我們這家店有良好印象，而願意再繼續來我們店裡購物。

當顧客要從我們店裡離開的時候，不應任由消費者自行離去，應該抱持著感恩的心情，面帶微笑的親自送消費者至門外，除了再次表達感謝他光臨本店之外，也需要以稍微的鞠躬來表現出我們心裡的謝意。

感謝的態度要出自內心而不虛偽做作，你的真心誠意消費者絕對感受得到，若是虛偽做假，消費者也絕對能感覺出來。

早期消費者貨比三家不吃虧的購物心態，已經由單純的比較價格，演變到今天消費者不止要比看看哪一家的價格便宜，更要比看看哪一家商店的服務態度良好，哪一家的貨色齊全，哪一家的專業素養足以讓消費者信賴。若店家的經營頭腦還停留在以為只要價格比別人便宜，自然就會有消費者上門的錯誤觀念，而不在其他應注意的事項上努力，終將面臨逐漸流失客源而不自知的情況。

課後複習 Point

感謝的態度要出自內心而不虛偽做作，你的真心誠意消費者絕對感受得到。

Lesson 29

讚美顧客的要領

「一句話，足以改變一件事情；一句話，也足以成就一番事業。」每個人都喜歡被讚美，也都喜歡別人對他說肯定且正面的稱讚。常聽到人家說，做生意的人嘴巴最甜了！而這種嘴巴上的甜，應是出自內心對消費者的稱讚，而不是虛偽的奉承。

每個人都有值得我們欣賞的特點，而我們今天要做的，就是把屬於消費者的特質，經由口述的方式說出來，而不是只在我們心裡默默的欣賞對方。

稱讚對方的優點要出自內心真摯的讚美，而不是見到任何一位上門的男士就叫帥哥，見到女士就叫美女，這種毫無實質意義的稱呼方式，除了讓消費者覺得你很肉麻、無聊之外，並沒有達到讚美顧客的效果。我們需要講的，與消費者想聽到的，都不是阿諛奉承的假話，顧客要聽到的是你的真心話，一句讓消費者打從心裡認同的真話。

想從顧客身上找出他的優點並加以讚美，並不困難，只要肯多花心思細密的觀察，你會發現他剛整理過的頭髮，他身上特殊設計的小別針，手上戴的戒指，他事業上的成就，他就讀的科系、畢業的學校，他填寫資料時清秀的筆跡，優雅的談話氣質，跟隨消費者同來店裡的小孩，乃至他對於商品的充分認識，他隨身攜帶的皮夾手提包等等，都是值得我們讚賞的地方。

絕大部分的人，總是會將他本身認為最值得驕傲的事物，表現在與人們的交談中或外貌的裝飾上。只要你多加練習，不難從消費者身上找出他潛在的優點。對消費者說讚美的話，並不是要拍他馬屁，而是希望藉由讚美對方的優點，來拉近彼此的距離，甚至將店家與消費者之間的藩籬打開。

將讚美對方當成每天必做的事情，不見得是上門的消費者我們才讚美他。在你日常生活中，出自內心真誠的讚美在你身邊的每一個人，從他們眼裡回報給你的善意微笑中，你不只得到肯定，也會讓你一整天的心情維持在愉悅的氣氛中。

課後複習 Point

每個人都有值得欣賞的特點，
而我們要做的就是把屬於消費者的特質，真誠的說出來。

Lesson 30

找尋為客戶做額外服務的機會

喜歡逛街的民眾，最常遇到的問題是需要上廁所時，卻往往在鬧區中找不到可以方便的地方。人有三急的這一急，若找不到疏解的管道，是會讓人難過得不知所措。

在日本札幌這個頗具地方特色的城市裡，有一家專賣民俗藝品的商店，這家商店每一季創下的業績，幾乎連大型百貨公司的專櫃也都望塵莫及，這激起了我一探究竟的念頭。

店鋪的位置，並不是在很起眼的大馬路上，而是在必須轉幾個彎才找得到的小巷子裡。我按圖索驥來到附近，詢問當地的住家如何找到這家頗富盛名的店時，他們告訴我：「從前面直走，到巷子底再左轉，當你看到門口前面有一堆人排隊時，那裡就是了！」果然，前面的巷弄，遠遠的就看見一列大排長龍的人潮。

在我說明來意，訪問了這位在列強環伺、連鎖店林立的商圈中，依舊能夠將店鋪經營得有聲有色的老闆成功的方法時，他告訴我：「他這家店位處於小巷弄裡，在這之前，一般逛街的人潮，並不會走到這麼裡面來，會走進來的民眾，多半是想找個不起眼的角落，偷偷小解方便一下！」

有鑒於每天總會有幾個外地來的觀光客，常常因為內急而登門借廁所，而店家也總是很大方的免費提供廁所給民眾使用，後來老闆索性就花了一筆資金將店裡的廁所大肆整修一番，再在巷弄外面掛上幾個醒目的招牌，寫著：「店裡有花園廁所，歡迎民眾免費使用。」

觀摩這座花園廁所時，我頗為驚訝整個設計和老闆的巧思。與其說這裡是一間廁所，倒不如說是一座小型的叢林花園，還來得恰當些，雖然這店鋪裡的賣場並不是很大，然而老闆卻願意挪出一大片地方，來做為廁所裡寬敞的空間設計之用，整體的設計感讓人在視覺上感覺十分舒服。

店家將野薑花與紫羅蘭布置在牽牛花的籐蔓上，空氣間散發著淡淡清香，耳邊傳來的是那些跳躍中的金絲雀輕唱的清脆叫聲；柔和的燈光，映照著滿地鋪設的細小鵝卵石，點綴在用青竹建構的藩籬牆上，從石臼上流淌的清水潺潺注入底下的小池塘裡；悠遊於浮萍中的小魚偶爾探出頭來與我打招呼。我想，此刻那水中的魚兒正如我一般，徜徉於這片詩情畫意的景色中，整個畫面呈現在眼前的，仿彿就是一座日式庭園的小縮影。

這分寧靜、舒適與優美的感覺，也使得這家店的花園廁所，在口耳相傳的情況下，幾乎快成了這個地區的觀光景點了，也可以說是來此逛街的遊客必到之處。因為店家願意細心為每一位消費者設想，使用完廁所的消費者不只順便參觀了店鋪裡的商品，也都很樂意購買一些商品帶回去，以做為給予這位肯用心為消費者著想的老闆的一點回饋與鼓勵。

老闆說銷路最好的東西，竟然是他們店裡自製印有花園廁所圖案的商品，這圖騰標誌絕對是「僅此一家，別無分號」。我步出門外，看著依舊大排長龍，慕名而來等著參觀廁所的民眾時，我終於了解，為什麼在這整個商圈中，賣著同性質商品的店這麼多，而這家商店的生意會特別好的原因了！

課後復習 *Point*

你能找到越多服務消費者的機會，就能讓越多消費者看到你，讓你在眾多商店中脫穎而出。

Lesson 31 增加來店人數的技巧

有一些商品，在消費者向你訂購之後，他並不能立刻拿到他購買的產品，而是需要再經由你的加工技術成型之後，才能完整發揮此項商品的功能。例如：刻印、相片沖洗、驗配眼鏡、服飾的修改……都可能需要消費者在一段時間的等待之後，才能拿到此商品。

此時，我們可以詢問消費者的意思，問他是否急需立即擁有這項產品，若消費者急於使用的話，當然我們應該以最快的速度，在最短的時間內完成消費者交付的工作。若消費者並不是現在非拿不可，我們可以跟消費者約定在什麼時間再來取貨。

在與消費者約定了什麼時候交件之後，這是店家給消費者的一個承諾。在這段期間內，不論有任何會影響交貨的突發狀況發生，店家都應該要排除所有困難，盡全力在與消費者約定的時間點準確完成交貨的動作。

若以這兩種交件方式來討論，如果讓消費者在下一次到店裡取貨時，很有可能是跟他的朋友一同前來，而經由我們真誠的接待，也可能在無形中增加了一個顧客。

若是他朋友恰巧也是我們這家店的主顧客，在他們之間會形成一種無形的共識，而有了一種認同感，更加信任你這家店。倘若在他第二次來取貨時，依舊是自行前來，那麼消費者對我們這家店的熟悉程度，肯定會比第一次還來得深刻。

俗話說：「一回生，二回熟。」我們在本意上並非要為難顧客，使他多跑一趟路是浪費他的時間，所以在請消費者下次再上門取貨時，店家就要將需要加工的商品，做得更盡善盡美，然後交到顧客手上。

店家絕對要做到，從你店裡銷售出去的每一樣東西，都是沒有瑕疵的最佳商品！畢竟，最好的產品，才是最好的廣告。而你們銷售出去的產品，也將都會成為你這家店最佳的形象代言人。

課後複習 Point

只要用些小技巧，
就能讓消費者對你的店多增加一點印象。

Lesson 32

懂得消費者心理的老闆

我曾有過一次非常好的購物經驗，願意在此與讀者分享——那家店經營得有聲有色，在地方上還是頗為成功的精品店，老闆親切的服務態度，至今還停留在我腦海裡。這家精品店裡的各項產品，排列得井然有序，柔和的燈光、舒適的冷氣，加上耳際伴著輕柔的音樂；而店裡服務人員的微笑，更是始終掛在臉上。這整家店的畫面，形成一種極為溫馨、舒適的感覺，也使得每一位上門的消費者，願意用更多時間，在這家精品店裡多做停留，參觀店裡面擺放的各項精緻商品，也順便享受這家店的浪漫氣氛。

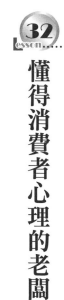

在我拿起一件製作精美的茶杯組，正細心的觀賞茶杯上面的圖案時，老闆走過來我身邊，親切的告訴我：「這件杯組，是義大利原裝進口的骨瓷，上面繪製的圖案，是由當地的街頭藝術家，針對米蘭街道的特色精心描繪上去的……。」老闆稱讚我的眼光好，懂得欣賞這麼好的作品；況且，這類的商品正因為是純手工繪製，不只做工精緻，在產量上也是稀少而不多見的。

經由老闆細心的為我做介紹，也使得我對於剛剛還在猶豫，是否要購買這件商品的疑慮，一掃而空。結帳時，老闆微笑的問我：「這一組這麼漂亮的杯組，是要自用、還是要送人呢？」

我問老闆：「我都要買了，送禮跟自用對購買者來說，有什麼不一樣嗎？」

老闆的回答，至今都讓我記憶深刻，他說：「若是要送朋友的話，我會用比較好的包裝紙來免費為你包裝！這麼一來，送朋友這項禮物，感覺上也會很體面；而且呀，朋友在看到這麼精美的禮物時，也會很高興的！」

我再問老闆：「如果這杯組，是我自己要使用的呢？」

那老闆笑笑的說：「那麼，這杯組是否可以不用再包裝了，我跟你打個小折扣，算你便宜一點！」

當時我就把這美好的感覺記錄下來，這種「以消費者的立場，去考量消費者需要」的經營態度，正是這家精品店有能力在競爭的環境中，繼續成長、茁壯的關鍵。

課後復習 Point

「以消費者的立場考量消費者需要」的經營態度，正是商店在競爭中持續成長、茁壯的關鍵。

Lesson 33 客人要的是隨和，不是隨便

在一些大公司或連鎖店裡，店裡面的服務人員可能都穿著精心規劃設計過的服裝，整體、一致的表現在視覺效果上，也確實能給予消費者專業形象。這種氣勢磅礴的制服，是小店鋪無法擁有的。

然而，是否因此小商店就失去了與連鎖店的競爭力了呢？這倒不盡然。有統一制服的店，雖能給予消費者一種專業的感覺，卻也帶給消費者一種冷冰冰的距離感。小店雖然沒有穿著制服的那種制度感，卻可以在穿著上表現出親切感，這是連鎖店無法給予顧客的。具有親和力的打扮，更容易跟消費者在實際生活上融合在一起，進而消弭顧客在購物時產生的壓迫感。

售貨員身上的穿著不見得非名牌不可，但也不能邋遢到穿著一件破爛的衣服就要來接待客人。很多小商店因為自己就是老闆，在沒人約束的情形下，因循怠惰的放鬆自己剛創業時的滿腔熱誠，漸漸地，穿著愈來愈隨便，到最後，甚至連穿個室內拖鞋都能走出來跟顧客做生意。「鬍鬚沒刮、頭髮沒梳、外露的鼻毛、說話時有不清新的口氣，衣

服更是不整潔。」試問，如果是你，任憑這家商店在廣告單上將自己吹噓得多麼專業，你能將這種懶散的店東和他所標榜的專業聯想在一起嗎？

售貨員不只須考量穿著適合店裡格調的服裝，也要將店裡販賣的商品、硬體的裝潢色系，配合我們的穿著，巧妙地融合在一起；男士不見得非要西裝筆挺的打領帶、抹髮油，但整齊清潔的儀容是必須的，女士也不見得要長髮披肩配上一襲洋裝，但略施脂粉上點口紅，則是面對顧客時的基本禮貌。多在服裝上用點心思，會讓顧客對此店家留下良好印象，也是每位店員需要注意的事項。

課後複習 *Point*

具有親和力的打扮，更容易跟消費者在實際生活上融合在一起，消弭購物時產生的壓迫感。

34 Lesson……

了解客人購物的七個心理步驟

了解消費者購物的心理，將有助於掌握整個交易的脈絡，繼而輕鬆完成每筆交易。至於購物的過程，可切割為七個步驟，依序為──「注意、興趣、聯想、欲望、金錢、比較、購買。」

當消費者從電視廣告、平面媒體或店裡面的展示架上，發現有這麼一項商品，而且這項商品的造型及功能，符合這位消費者的需求時，此刻，這件商品就引起消費者的「注意」了！

當消費者走向這項商品，經由店員詳細解說它的功能及如何使用後，慢慢引起消費者對這項商品的「興趣」，而願意再多花一點時間在這件商品上，好好的端倪一番。

進入這個階段後，我們可以誘導消費者做「聯想」，倘若購買了這項商品，在日常生活中，會為他帶來哪些便利性；或是當消費者選擇了這禮品時，受他餽贈的人會有多麼高興。經由售貨員的引導下，這些美好的畫面將在消費者的腦海裡出現，這會使得消費者產生想擁有它的欲望。店家在這個階段該做的是將商品的優點與特色，盡其所能的讓消費者明瞭，這時機將會是引起消費者是否會購買的關鍵時刻。

當店家為消費者解說過商品全部的特點，並做完一些測試後，消費者會在此時稍稍冷靜下來並會克制自己購物的衝動「欲望」——想要知道擁有這項商品時，所要付出的金額是多少？有沒有折扣？此時，就進入了消費者「金錢」考慮的階段。店家對產品的報價，若沒有讓消費者覺得物超所值，最起碼也要有一分錢一分貨的感覺。

當消費者在心裡面認為能夠接受這件商品的價格之後，他會想再「比較」看看，有沒有其他的商品，比這項產品還適合的。在消費者購物心理進入比較期時，我們應當再以堅定的口吻，來增加顧客對此商品的信心——經由店家的解說，當消費者都沒有任何疑慮時，才會心甘情願的「購買」這項商品。

此時的購物程序在表面上似乎已到了完成的地步，其實不然，在接下來的商品包裝，找顧客零錢，對顧客資料所做的記錄，以及送消費者出門，也都是不可馬虎的。要完美的完成每一個購物流程，每一步驟都將是環環相扣，缺一不可，店家應該小心謹慎的應對每一位消費者。

課後複習 Point

了解消費者購物的心理，將有助於掌握整個交易的脈絡，繼而輕鬆完成每筆交易。

35 Lesson……

找出最大族群的客戶

每個行業，都有他們的最大客源——如販賣參考書的書局，來店的消費者主要當然是以學生居多；販賣體育用品的商店老闆在體育場認識的朋友，也會比在其他地方認識的人更為喜愛運動；小朋友則是玩具店消費的最大客源，在玩具店裡，小孩對玩具的喜愛程度，也絕對會比成年人還來得高。雖說，最終掏腰包出來付款的都是父母親，但小孩子卻還是玩具店最大的消費族群。

找出正確且最大客源，對於店鋪營運方針的制定是一項很重要的指標。畢竟，成功不只要有正確的方法，還要具備正確的方向！有了正確的方法，沒有正確的方向，任憑再怎麼全力以赴，也會有事倍功半之憾。空有正確的方向，缺少正確的方法去實行，終其一生也只是在原地打轉，很難使業績向前邁進。在平時店裡記錄的客戶資料中，我們可以歸類出來店消費者的「年齡層」、「商品偏好」、「性別趨向」、「住家位置」、「來店時間」和「消費金額」等等。

而這分統計資料中，也要將它區分為有購物的消費者及未購物的消費者。當然在有購物的消費者方面，在請他填寫資料時就能夠對他有比較進一步的認識。而在上門未購物的消費者方面，店家也該多費心思去了解他們未購物的原因何在？是店裡整體的感覺出問題？還是接待技巧不夠圓融？是商品訂價太高導致消費者不願意購買？還是商店裡的貨色不齊全？導致消費者不能在這裡挑選到他中意的商品。

當統計資料中，有超過四分之一來店的消費者未購物即離去時，店裡的營運警訊就已經亮起紅燈了！

若位處商圈，總有許多年輕朋友來這裡逛街，而店裡主要販售的商品卻少了一分流行與創新的感覺，反而將重點擺放在追求名牌與品味的商品上時，則比較難讓大部分進門的消費者所接受。

生意好的商店，絕不是店門一開顧客就自然源源而來，而是要先考量在什麼地方做什麼生意，以什麼價格在什麼時候賣給哪些人。這一切都需要從店家的統計資料中做評估，爾後再慢慢修正我們的經營方向。

從來店消費者的年齡中，可區分為兒童、青少年、中年人及老年人。不同的年齡層對於商品的訴求重點也都是不盡相同的。小孩子對五顏六色的商品比較感興趣；青少年追求流行，也比較敢勇於嘗試新奇另類的商品；中年人追求品味，講究的是得體的商品，對於某些高價位的商品，他們會將其歸屬為身分地位的象徵；老年人購物則多著重在商品的實用性，節儉的個性普遍在老年人身上得到印證，在他們的眼中，一項實用的商品比名牌、新潮、流行還來得重要。

在銷售技巧上，針對不同年齡層對商品做不同的訴求，做出不同的重點解說，才能夠掌握消費者購物的心理，以增加購物時的成交機率。統計出店裡大多數消費族群的年齡層，在我們進貨時，加重這些年齡層的顧客會喜愛的產品比例，這會讓我們鎖定的消費族群，能有更多樣化的商品來做選擇。

店裡面所有的銷售商品，總會有某幾項產品銷路特別好，也許是這項商品的品質建立起良好的口碑，使消費者願意一再購買。也或許這項新產品，在廠商廣告的大力促銷之下，讓很多消費者想買回家試用看看！至於同一類型的商品，也有可能在產品外觀的顏色、功能、產地、材質、造型、及廠牌等等都不相同。

在做出統計之後，會知道消費者的偏好，以及什麼東西才是店裡最暢銷的商品！當我們下一次需要進貨時，再以此來做為是否再進貨的參考，而不是靠著店東直覺來盲目進貨。

來店裡的消費者性別，是以男性居多，還是以女性顧客占大多數呢？在我們進貨的考量點上，也是一個重要的因素，雖說男、女消費者都一樣是我們的顧客，但男性用品與女性用品，廠商在基本的設計上就有著很大的不同。

比方說，太陽眼鏡的設計，就區分為男用、女用；鞋子分為男鞋、女鞋；就連摩托車，也分成男士用的重型機車與大部分女士喜愛的小綿羊車型。倘若你店裡販賣的商品，有著「男女有別」的區別，在來店比例居多數的性別族群上，應多為他們設想，多進一些屬於他們需要的商品將更能夠創造比目前更好的業績。

從消費者留下的資料中，可以了解來店裡的顧客居住場所集中在哪些區域？這對於在日後的廣告活動中，我們可以針對這些特定的區域，做重點式的加強。若是在這一波的宣傳廣告中，我們選擇了以廣告車的方式做宣傳，有了特定的目標與方向後，往往會比漫無目標的開著廣告車四處亂逛所收到的效果還要來得大些。

在確實掌握了消費者來店的時間後，對於未來所做的時間管理、生涯規劃上，會有很大的幫助。從一整年的統計資料中，我們可以了解，有哪幾個月份是旺季，哪些月份是淡季；在從這一整個月的資料中，明瞭消費者是偏向在月初或每月的中旬，購物比例較高。

在一整天的記錄裡，可以明確的知道，消費者來店的時間在哪一個時段容易達到高峰！有了這些資料後，對於來店消費者的服務上，我們更能在這段時間多加派人手來滿足每一位顧客的需求。

顧客消費金額的統計能讓我們對店裡未來的營運方向有了目標。我們將會知道，目前來店裡的消費者，購物時是偏向高價位或低價位的商品。倘若，在這家店所成交的，都是些低單價的商品，那麼未來在進貨方面，不妨逐漸放棄高單價商品，進而多加強購入低單價的商品。

畢竟，這些低價商品是這家商店販賣的主流，反之亦然！銷售商品，不是只追求能夠售出高單價的商品才是正確的銷售，能售出消費者滿意的商品才是最好的售貨員。

課後復習 *Point*

顧客不可能自己源源而來，
生意要好就要先考量在哪裡做什麼生意，以什麼價格在何時賣給誰。

Lesson 36

顧客資料的建立

每一筆顧客的交易資料是每家小商店經年累月累積下來的無形財富，其重要性如同醫院的病歷表。善用這些客戶資料，靈活的運用這屬於你的專有財富，會使我們在尋求客戶曾經購買過的商品統計，或需要為他們做售後服務時，能有一個正確的依據。

完善的客戶資料管理能夠讓我們很輕易的掌握住有哪些產品是消費者喜歡的。若發現我們店裡，新進的這批產品適合某些消費者的需求時，店家可以直接寄ＤＭ給消費者，或是打電話通知他們。如此事半功倍的效果，則要歸功於平時的客戶資料管理，而要建立起完整的客戶資料，則全仰賴平時一點一滴的累積，完全急不得。

如果你尚未建立客戶資料，從今天起，開始一步一步的將所有上門的消費者，在他們願意的情況下，留下姓名、電話、地址等資料，在顧客離開後，我們要做的便是將消費者剛留下的資料做有系統的歸類，並在備註欄裡寫下你剛剛和這位顧客說了什麼話，做了什麼樣的承諾，他購買了什麼商品，售價多少等等。記載的內容愈詳細，你對這位消費者的印象也將更深刻，這對你日後的幫助愈大。

若現在要你回憶一星期前和某位消費者說了什麼話，或許還記得。但你可記得一個月前或是一年前跟顧客說過了什麼話嗎？有些消費者，他可是一年半載後才會又回到我們店裡面的。或許一年後要消費者回憶他去年跟你說過什麼話時，他也忘了。但你若是能夠親切的詢問消費者，他去年來店裡時，曾告訴你他去年夏天想學游泳，不知道現在成績如何了？相信這位消費者因為你還記得他，而很快的成為你的基本客戶。

有鑒於現在電腦科技的發達，你可以將顧客資料詳細記錄在電腦裡面，如此不占空間，又能在當你需要找尋某一位客戶的資料時，很快速的將你所需要的資料，經由電腦的快速運作，即時呈現在你面前。善用電腦帶給店家的方便及實用性，這對於協助你成就一番事業是一個很好的幫手，也是一項絕佳的利器。

若非真的基於業務上的需要，在請消費者留下他的基本資料時，不要請消費者留下他的身分證號碼，這會讓消費者心生很大的戒心而拒絕提供你任何資料的。要請消費者留下資料時，除了清楚告訴消費者你需要他留下資料的用意之外，對於不願意留下資料的消費者，我們也應該很委婉的感謝他光臨我們的店，並希望日後有機會還能繼續為他服務。

至於表格設計希望消費者填寫的部分，應該要以簡單明瞭為原則，如果有一些繁雜的表格，確實需要顧客填寫的話，可以經由你自己口述詢問再由你來替他填寫表格，這也會讓顧客有一種很溫馨的感覺。

課後複習 Point

完善的客戶資料管理，
讓我們能夠很輕易的掌握住消費者的喜好與需求。

Lesson......37

對於顧客常問的問題

在這個工作崗位上，經營了這麼久的時間，相信你對於消費者經常詢問的一些問題，也都能夠駕輕就熟的回答；然而，你的答案是否真的很貼切也很中肯的令每一位消費者滿意？而消費者對你的解說又接受了多少？或許你自己也沒十足的把握！

每一家店的經營者都很清楚，消費者對於哪些方面的問題比較不明白，常將他們的疑問提出來。在面對這些問題之前，我們是否曾用心的把這些問題詳細記錄下來，用心找一些相關的數據與資料來回答每一位消費者的問題，讓他們得到最正確，同時也是最滿意的答案。

空口說白話的交易方式是很難讓消費者信服的，相同的問題相同的答覆，如果能夠再提出一些數據資料供消費者閱讀的話，不只消費者更能相信你所言屬實外，對於你形象的提升也頗有助益。

這些數據，可以是廠商提供的資料，也可以是官方的書面報導，或是在平時書報雜誌上看到所剪輯下來的文章。經由強而有力的第三者來印證我們對消費者的解說確有實質根據，而不是信口雌黃隨便說說的，消費者不僅不會再對這個問題存疑，也會在心裡面讚許你是一位肯用心的老闆。而最能夠讓消費者心服口服認同這件商品的優點，最簡單也最快速的方式，就是拿商品做實驗。

鐘錶業者若一再對顧客保證這個手錶的防水功能多麼得好，與其開立十張保證書，倒不如直接將手錶放進水裡做驗證，讓消費者能親眼目睹更能夠證明業者所言不假。

電器業者說他賣的冷氣機最省電，任憑店家怎麼說，還不如用電表現場測試冷氣機的耗電量，更能讓消費者信服。

在眼見為憑的觀念下，當著顧客的面前實驗商品的耐用性，就是一種最直接也最犀利的行銷手法。

不論消費者提出任何問題，在你有充分準備回答消費者之外，還需要自己反覆多加練習，才可以在很自然的情況下，從容不迫的運用在消費者的詢問之中。

若是你能夠預先了解消費者希望知道的問題，也要在消費者尚未提出疑問之前，先對顧客做解說，以消弭他們心中的疑慮。在他開口向你問問題之前，先將消費者心中的疑惑從售貨員口中說出來的話，更能夠讓消費者願意靜靜的專心聆聽你對商品的解說，因為此時你所說的，正是他不明白又想了解的地方。

課後複習 Point

空口説白話的交易方式是很難讓消費者信服的，最好再補充一些數據資料。

38 Lesson……

售出使用方式複雜的商品時

對於一些使用操作上比較複雜的商品，在消費者購買的同時，雖然大部分店家也會詳細為顧客介紹整個操作方法，但消費者其實是很難在短時間內，就對這項新商品的種種操作方式得心應手。

我曾經親身經歷過一件事，在一陣精挑細選、仔細比較之後，決定購買一台單眼相機。在售貨員的解說下，自認經由這台有著先進攝影功能的相機的輔助，日後所拍攝的照片一定會比以前使用傻瓜相機時所拍攝的照片還要來得出色；於是滿懷著期待的心情，裝上底片，就急於想看看這相機的卓越表現。

但真到了現場要拍攝時，面對相機眾多的功能，一時之間卻不知如何下手！雖然店員已詳細的指導過這台相機的操作方法，但此時卻依舊只記得那最簡單的自動拍攝模式，而腦海中對所有的操作功能竟是一片空白，無奈的我只好帶著一顆悵惘的心回家去了！

事隔幾天當我正翻閱著使用說明書時，意外接到那店員打來的電話，他親切的詢問使用上是否有什麼不清楚的地方，還很樂意回答我的任何問題。

這台單眼相機，由於已經使用過了，也比較知道問題出在哪裡，也清楚知道該如何來詢問店員，此刻經由他再次解說，也自然比較清楚它的操作方式了；電話裡，我由衷的感謝這位店員能為消費者設想，打電話來做此服務，他卻告訴我：「這只是舉手之勞，而且這本來就是他分內應該做的工作。」

想想看，在你店裡售出的商品中，是否有操作困難、比較複雜的東西呢？面對這類商品，如果能在售出後一段時間內，親切的打個電話給你的消費者，詢問他們在使用上有什麼需要你協助的地方，消費者將會牢記你親切的服務態度。

課後復省 *Point*

面對複雜商品，最好在售出後打個電話給顧客詢問使用的狀況，讓顧客對你印象深刻。

39 Lesson……

貼心的服務

對顧客做一些親切貼心的小動作，將可以拉近店家與消費者之間的距離，此舉往往有意想不到的神奇效果；而這是不需要花費太多時間與金錢就能輕易達成的。

當消費者頂著火熱的太陽從外面進到店裡時，汗流浹背的燥熱感，也容易使得他的情緒浮動；此時，我們可以適時的奉上一杯冰冰涼涼的冷飲，感謝他在這麼熱的天氣裡還願意光臨我們的店。當消費者手捧著沁涼的冷飲時，對任何一位消費者來說，都會覺得這是一種很貼心的服務，也更願意和這家商店繼續來往。

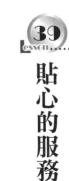

當然，相同的方法，我們也可以運用在冬季。在冷冽的寒風中為來店的消費者奉上一杯熱茶，也足以溫暖消費者的心；下雨天，幫顧客撐傘到他停車的地方，以免消費者淋溼，這也是為顧客服務的機會。若所售出的貨品體積比較龐大或重量較重的時候，除了可以幫消費者提貨到他停車的地點外，也可以考慮為消費者做「送貨到府」的服務。

多想想，我們除了銷售貨品之外，還能再為消費者做些什麼額外的服務，基本顧客群的建立是需要我們平時多用心去培養的，而這些顧客與店家間建立的情感，常是在這些貼心的服務中培養起來的。

課後複習 Point

對顧客做些親切貼心的小動作，不用花費太多時間與金錢，就能拉近店家與消費者之間的距離。

40 Lesson……

培養自信宏亮的語氣

什麼樣的店員，會讓消費者樂於與他接觸？又會是什麼樣的店員，會讓消費者心甘情願，接受他所建議的商品？一位充滿自信心的店員，絕對會是消費者願意接近的。

自信心的養成來自於對商品的充分認識，也來自本身所擁有的專業知識；有了百分百的自信心，自然有把握在消費者提出任何問題時，都讓顧客得到滿意的答案。

有自信的人做起他分內的工作時方能勝任，工作過程中也顯得駕輕就熟，更會以愉快且信心十足的心情來回答消費者所提的問題，以及完成消費者交付的每一件工作。

能力不足的人做起事來就顯得畏首畏尾、自怨自艾的，對手邊的工作一點興趣都沒有，還認為這是一件苦差事，遇到不如意時就認為是消費者在刁難他。

聰明的消費者，可以從店員答話時閃爍的眼神、支吾其詞的交談裡，感受到這位店員對這項商品的不熟悉、沒有自信。如果一位售貨員連對自己說的話都沒有自信，又怎麼能讓消費者安心購買他所推薦的商品呢？

此時，不妨多參加一些在職訓練，充實自己的專業知識，這會讓你充滿絕對的自信。有了自信，自然更能讓消費者感受到你的真誠，真誠的力量往往能讓你在商場上得心應手。

售貨員充滿自信的談吐與飽滿的精神，這對於上門的消費者而言，是他們所樂於見到的。在每一天的工作時間裡要隨時自我要求，讓自己有充沛的活力，面對來自四面八方的挑戰。積極的自我管理，千萬別讓自己在不知不覺中喪失開店時的衝勁！

倘若消費者面對的是一個因為宿醉依然睡眼惺忪的店員，跟顧客談話時，不是猛打哈欠就是一付精神萎靡、無精打采的樣子，像這樣一點活力都沒有的店員，我想，這筆生意是很難成交的。

反觀，若消費者面對的是一位精神抖擻的店員，在無形中，消費者的購買欲望也會被這位充滿熱情活力的店員帶動起來，使消費者在這次的購物裡留下一個愉快的經驗。

課後複習 *Point*

自信心的養成來自於對商品的充分認識，也來自本身所擁有的專業知識。

41 Lesson……

對產品的解說要詳細但不能囉嗦

消費者對商品的使用與了解，除了來自廣告之外，店員的詳細解說，也是促使消費者願意購買這項商品的動力，而你是否比你的消費者更先一步的閱讀了使用說明書呢？當消費者問你問題時，你是否能夠靈活操作這項商品呢？

若是在消費者詢問時才在顧客面前摸索著這項商品的使用方式的話，不僅售貨員自己會因為沒有充分的準備而覺得慌亂，消費者更會覺得這不是一項操作簡單的商品，而打消了購買的念頭。

對於擺放在我們店裡的每一項商品所具有的獨特性質，都要有充分的認識，而知識的取得來自專業的書籍、工作經驗的累積、批發廠商的商品說明書、上游售貨員的建言、公會主辦的專題講座等等，這些都是能讓我們充實專業知識的管道；只要有心，很多地方都有讓我們充電的機會。

有了最基本的專業知識，才有能力為消費者做最詳盡的解說。一位有經驗的經營者在對消費者做解說時，會著重在對消費者的產品介紹上，這包括商品的製造廠商、產地、加工方式、使用原料、商品特性等等，讓消費者對所購買的商品，有了最基本的認識，再讓消費者有正確使用這項商品的常識。

對消費者解說時，別試圖使用太多艱澀難懂的專有名詞來增加消費者對你具有專業知識的錯覺，當消費者聽得懂你在說什麼時，他才會繼續對這商品有興趣。

店員永遠要比消費者早一步看過使用說明書的用意，即在於你必須以消費者的立場，用最白話、最容易聽得懂的辭彙來為消費者解說；在這整個銷售過程中，與消費者之間的談話，必須要常常加以練習，使店員達到對商品的功能完全瞭若指掌的地步。

課後複習 *Point*

對消費者解說時，
別使用太多艱澀難懂的專有名詞來增加消費者對你具有專業知識的錯覺。

42
Lesson……

微笑和顧客的交談

微笑是與人溝通的銷售語言，若應用在商場上，也是最能夠化解顧客心防的武器。不論你今天面對的是一位陌生的新客戶，或是接待一位常來我們店裡的老主顧，都要在消費者全程的購物過程中保持親切的笑容；「微笑」可說是商場上最基本的禮儀。

給消費者的微笑要勇敢的表達出來讓消費者知道！雖然，在內心裡我們很真心誠意的感謝這位消費者，願意來店裡消費，但臉上始終沒有展露出親切的笑容是很難讓消費者感受到我們的誠意的。

此外，微笑必須是出自內心的，當你真正能夠發自內心感謝這位消費者一直照顧我們的生意時，你便會將這種愉悅的笑容傳達到消費者的心中。職業笑容給人的感覺是皮笑肉不笑的，很難使人產生親切感；僵硬的表情很難在人與人之間築起一段友誼的橋樑，而生澀的笑容，更難以讓彼此達成良好的溝通。

在所有的寵物中，最能夠博得人們歡心的應該算是狗狗了！很多人喜歡養狗，當牠遠遠看見你進門時，那尾巴搖晃得多麼起勁，當牠接近你時那種高興的模樣，又是叫又是跳的，好像希望你能抽空來摸摸牠的頭、拍拍牠的背，縱使你不理睬牠，也絲毫不減牠的熱誠；這種歡迎你的熱情，簡直就像是從骨子裡蹦出來似的叫人難以拒絕！也難怪狗會是人類最忠實的朋友。

今天，當你再有機會和朋友見面時，試著遠遠的就伸出你熱情的雙手，用你最親切、最誠懇的笑容走近他，告訴他，你多麼高興能夠認識他和他做朋友。或許，你的朋友會對你這突如其來的舉動嚇一跳而覺得很不能適應，但當你將這種歡迎朋友的熱情，魅力四射的散發出來在周遭朋友的身上時，久而久之，他們便會知道你是真的真誠不做假。

在習慣了與朋友的相處之後，將這股熱情活力帶入我們的事業中，消費者在感受到你對他們的重視後，也就自然成了你忠實的顧客了。

課後複習 Point

給消費者的微笑，要勇敢的表達出來讓消費者知道！

43 Lesson……

為顧客說明商品優缺點的技巧

語言的表達，確實是一項很值得我們玩味的東西。同樣的文字、同樣的內容，在表達的位置上，會因先後順序的不同而帶給人們截然不同的感覺。

十幾年前台灣不就流行過一首歌「我很醜，可是我很溫柔」？這種把醜話說在前面，再強調自己其實也有溫柔的一面的說法，使人們在潛意識裡先認同這個人是誠實的，他都願意把自己很醜告訴你了，可見得他接下來說的也會是真的。所以，我們也都相信，他雖然很醜，可是他很溫柔。

若是我們將這句話的順序改變一下，變成「我很溫柔，可是我很醜」，你會不會將他說這句話的重點，就只注意在他很醜上面，而似乎也就忘了他也是很溫柔的。

銷售商品的技巧，其實也是一樣的。我們跟消費者談話的內容，雖然所要表達的意思都一樣，可是會因為在文法上的先後順序不同，而讓消費者有了完全不同的感覺。

當你向消費者介紹一件單價稍高的產品時，應先讓消費者知道價格，然後再闡述此商品為什麼會在售價上，比其他商品還要高的理由。

如果一位A店員告訴你，這件商品雖然比其他商品在價格上貴了一倍，但在使用壽命上卻可以比其他商品多使用三年以上。而另一位B店員則是告訴你，雖然這件商品在使用壽命上比其他商品可以多使用上三年，但價格卻比其他商品貴了一倍。

你認為哪一個店員，有能力將這項商品成功的推銷出去呢？消費者聽哪一個售貨員的解說時，心裡面比較能夠接受哪一種說法呢？

A店員就如那位「我很醜，可是我很溫柔」的藝人；在價格上，先讓消費者有了基本的認知，再對消費者詳盡的解說這項商品之所以售價高的理由，擁有哪些優點，為什麼值這個售價，如此的說明比較容易取得消費者信賴。而B店員則只是讓消費者的思維邏輯，停留在價格上比其他商品貴了一倍上面，很難讓消費者將注意力集中在商品的特點上。

在銷售一項商品時，我們固然會將推銷重點放在這項商品的優點上，來引起消費者的購買欲望。但對於這項商品的缺點，或是它在使用上有可能發生的哪些問題，或是商品本身的故障率，也應該事先誠實的對消費者說明。不能只是一味的強調優點，而對消費者所不知道的缺點，或使用上應請消費者注意的事項，連提都不提，隱瞞不願讓消費者知道。

與其在消費者購物後，因為發現使用上的缺點而心生抱怨，倒不如先讓消費者了解可能發生的問題，以免日後產生不必要的糾紛。

課後複習 Point

同樣的文字、同樣的內容，會因表達時的先後順序不同而帶給人們截然不同的感覺。

44 Lesson……

賣兩件商品以上的方式

柔性的銷售方式往往能夠在既有的利潤中，增加更多的營業額，也能讓消費者感受到這家店的用心和服務。

在一般的餐飲店裡，很多小吃店都是將小菜擺放在一旁的櫥櫃裡，隨著顧客的喜好，挑選後再自助式的將菜端到座位去。這種被動的生意方式，很難讓猶豫不決的消費者有進一步的購買欲望；甚至連第一次來這家店的消費者根本就不知道小菜放在哪裡，更別說提起購買的念頭。

這種消極的行銷，如果將之改變為積極的柔性銷售，當消費者上門就座後，店裡的服務人員適時的將小菜端到消費者的面前，供消費者選用，一來免除消費者親自走到櫃檯挑選的麻煩，再者也可因為這種積極的推銷，使得店裡的營收在無形之中提升。

曾經在某一攤專賣燒烤的店面裡，我聽到如下的對話。某位顧客自己挑選了一些燒烤的東西拿給老闆，老闆問他：「這樣就好了嗎？」

那顧客又快又乾脆的直接回答：「嗯！」老闆拿起那些食物很賣力的將它們燒烤好

之後，拿給顧客直接說：「八十元！」連一句謝謝都沒說。

待客人走了之後，我給了老闆一些建議，告訴他：「你問顧客『買這樣就好了嗎？』是一種肯定的負面性談話，你所得到的答案，也一定會是消費者肯定的回答你，『這樣就夠了！』因為在你的問話中，沒有給消費者其他的選擇，並且也會讓消費者心裡面想著，『莫非老闆嫌我買得不夠是不是？否則怎麼會問我：這樣就好了嗎？』」

我建議老闆在下一位消費者選好東西後，換另外一種口吻來問消費者，你可以問他：「請問你還需要什麼嗎？」這是一種充滿著希望與正向的問話，或許消費者他剛剛也還在心裡掙扎過，是否還要再多買一份烤肉串呢！

當你發現消費者沒有直接回答你「不用」時，正是消費者進入猶豫的階段，此時，你該順水推舟的介紹消費者，比方說「我們這裡的烤雞翅味道也很不錯喔，要不要先來一份試看看？」消費者很容易就在這種良性的引導下，又多買了一份東西。然而，在這種第二項的推銷之中，切記，不要喧賓奪主的向消費者推薦太多高單價的東西。如此一來將會讓消費者覺得很反感，反而抹滅了老闆最初的善意。

這位老闆後來告訴我，當他問消費者「請問還需要什麼嗎？」這種用語之後，他的業績提升了不少。據他的統計，以前若問消費者「這樣就好了嗎」，幾乎百分之百的客人都會回答他：「嗯！」而這些客人通常也都不會再選購其他的東西。但是自從他問消費者：「請問還需要什麼嗎？」竟然有三成以上的消費者，會再加買一些東西，有的是經由他推薦而成交，有的則是在他詢問後，直接告訴他再加一份某某東西好了。當然，他不好意思的告訴我，不論他再怎麼忙，當他在找零錢給消費者的時候，已經不會忘記要向客人說謝謝了！

或許在這次的推銷中，並未如預期般的將這屬於主產品之外的第二種的商品成功銷售出去。然而，在消費者的心裡，已存在著這家店有這一類商品的印象，日後當他有需要時，也會記得這家店。這種在無形中為自己商品做廣告的方式，其實在你的舉手之勞間就可以完成了。

在各行各業中其實有很多的優點，相當值得我們去學習與觀摩，養成將別家店的優點，靈活應用在我們店裡，讓它成為我們店裡的一種習慣；相對的，當我們在別家店裡有了不好的感受之後，也要時時警惕自己，別讓來我們店裡的消費者有著這種不好的感覺。

課後復習 *Point*

柔性的銷售方式往往能在既有利潤中增加更多營業額，並讓消費者感受到店家的用心和服務。

45 Lesson……

剛進門的新顧客

與常來我們店裡的消費者談話時，因為彼此都很熟悉，自然在接待的態度上會比陌生的新顧客還來得親切些。而和陌生人的交談，則因為彼此都還不是很熟悉，相對的會顯得較為羞澀，這是每一個人都有的共同點。

在很多群眾的聚會裡，人們很自然的第一個動作即是找尋自己熟識的人聊天，對於素昧平生的陌生人，除非在有朋友的引見介紹之下，否則只有極少數的人有勇氣主動和陌生人交談。

原本，在面對完全不熟識的陌生環境時，人們都會有一種膽怯的心態，不知道要如何和一位從未見過面的人交談；但這種心態，可千萬不能發生在我們的營業場所裡，畢竟店裡隨時都可能有新的消費者上門，這些人可能是以前未曾見過面的消費者，在外面來說，就是剛剛所謂的陌生人，但身為店主的我們，應該以親切的態度來迎接這位新的消費者到來。

當店裡面同時有兩位消費者時，在與老主顧的談話之間，固然因為彼此都已熟識，有很多的話題可聊，但也不可只顧著和老主顧聊天而怠慢了新上門的顧客。消費者需要的是被尊重的感覺，當消費者覺得被這家店重視後，今天上門的陌生人，說不定將來會是你的大客戶呢！

那麼，當我們身處在一個全然陌生的環境中，要如何與陌生人交談？又要和陌生人談什麼話題？該怎麼談呢？這是經常被詢問的問題。既然有心想與陌生人交談，繼而藉此多認識朋友來拓展我們的人際關係，自然談話的重心就應以對方為重點；日常生活中的食、衣、住、行、育、樂都是我們可以和對方交談的話題，對方的工作、家庭、子女、專長、經驗、成就、興趣等等也都是絕佳的好話題，這些足以讓我們輕易打破與陌生人之間的沉默。

和陌生人交談並沒有那麼困難，話題也不是那麼難找。從我們周圍找話題，將現在最想知道或正發生在身上的事說出來，勇敢的踏出與陌生人交談的第一步，你會發現，其實他們也正期待著有人來和他說話呢！

課後複習 Point

勇敢踏出與陌生人交談的第一步，你會發現，其實他們也正期待著有人來和他說話呢！

Lesson 46

誠實的對待顧客

從小，不管是家裡的父母或學校的老師，總是諄諄教誨要我們做一個誠實的人。但隨著年齡的增長，卻愈來愈覺得在這社會上，願意講真話的人似乎愈來愈少了！

尤其是某些不肖的商店經營者，為了希望能達成銷售商品，賺取利潤的目的，不惜在販售商品的過程中，撒點小謊欺騙消費者。不是在原物料上偷斤減兩，就是在價格上做文章欺瞞消費者！售貨前拍胸脯的保證，說得是天花亂墜，售貨後對於該給予消費者的服務保證卻是推得一乾二淨；前後兩種天壤之別的態度讓消費者看了也心寒！

這種為求目的而不擇手段的經營方式，簡直如一粒老鼠屎，嚴重破壞了絕大部分在工作崗位上正直經營的生意人之信譽。無奸不成商的不良印象，就成為某些吃過悶虧的消費者，對生意人的負面評語。

如果有心想要永續經營目前的事業，誠實的對待每一位顧客是一位經營者最基礎的理念！誠實，也是商店經營的最高指導原則。正所謂：「路遙知馬力，日久見人心。」一家以誠信為宗旨來對待客人的商店，最終也必將獲得消費者的信賴！

曾經因為業務上的需要，我必須負責採購一批數量頗為龐大的手錶，為了想確實的篩選出有哪一家商店，是確確實實本著誠實的經營理念來面對消費者的，於是，我試著拿了一個只是電池用完而無法正常運行的手錶，去了第一家鐘錶店試試看他們的反應。

那是一家規模、設備與服務人員都相當齊全的商店，裡面豪華的布置，襯托著這些高格調的商品。店裡的師傅在檢查了我的手錶之後告訴我：「這手錶裡面的某些零件故障，修理的費用需要上千元。」我笑笑的拿回了我的手錶，走到對街那家在全省也相當具有知名度的鐘錶公司。

對街那家鐘錶公司的師傅，看過我的手錶後，向我解釋很多機械原理，與一大堆我聽不懂的專有名詞。雖然他說得頭頭是道，但重點依舊是我這個手錶損壞的程度不輕，修理費不貲！當我告訴他：「既然修理要這麼多費用，我不想修理了！」當我想拿回我的手錶時，那師傅竟然一再降價，希望能有機會修理我的手錶。這讓我覺得，怎麼他剛剛跟我說這個手錶一定要換某一部分的零件，現在變成不更換也可以，只要修理過後一樣可以使用呢？這種前後矛盾的說詞，簡直毫無誠信可言。

第三家，是一間已經經營了半世紀之久的鐘錶店，進門時老闆親切的打招呼，我則依舊如同前往那兩家鐘錶店的開場白，告訴老闆：「這個手錶不走了，請幫我檢查一下，是哪裡故障了？」只見這位老闆，在拿出儀器測量過後，告訴我：「先生，你的手錶不走，只是電池用完的緣故，並沒有其他的問題，請問，需要我幫你換上新的電池嗎？」我請他再確定是否有其他零件損壞，那老闆笑容可掬且充滿自信的說：「我很確定你的手錶只需要換上新電池，就可以一切正常了！」

在這家誠實的鐘錶店裡，我只花了一百元換上一顆新電池，這個手錶它又回復到了原本精準的運轉。自然的，這筆龐大的手錶採購案，也就在這家誠實對待顧客的鐘錶店裡完成，因為我已經找到一家誠實且值得信賴的商店了！

誠如這位老闆所說的：「做生意，賺的是良心錢！良心的做人，誠實的做事，善盡自己的本分，就是給消費者最好的回饋。」

課後複習 Point

如果有心想要永續經營目前的事業，誠實的對待每一位顧客是一位經營者最基礎的理念！

Lesson 47……

售後服務的重要性

服務業，顧名思義就是以服務消費者做為導向的一種行業。小商店所販賣的商品，大多都是大同小異，在這家店裡面所擁有的商品，在別家商店裡也都可以輕而易舉的找到。要讓消費者願意長時間來這裡消費，唯有用你誠懇的服務態度來吸引消費者。

每一家商店對消費者提供的服務，比的是「服務內容」、「服務品質」與「顧客的滿意程度」。有很多家商店，在消費者購物時的服務態度是非常好的，然而，等到消費者真正需要店家做售後服務時，卻表現得讓消費者有判若兩人的感覺——店家不是藉故推諉，就是態度不佳的拒絕服務！

這種兩極化的服務態度，只會讓消費者覺得這只是一家想騙消費者錢的黑店，根本毫無商譽可言。要特別提醒讀者注意的是，真正能讓消費者感受到我們這家店的服務熱忱，是在於當消費者所購買的產品，有了使用上的問題，需要我們協助解決問題的時候！而不是在購物之初所提供的任何承諾，這服務態度前後所占的比例，對消費者的心裡來說，「完善的售後服務」更能夠百分之百的獲得消費者對你的信賴。

一家重視售後服務，並且能夠盡心盡力，以消費者的立場去解決顧客抱怨的商店，總是比那些對消費者的抱怨都不當一回事的商店，還來得容易引起消費者的認同。

店家也不要在收銀台旁邊寫著偌大的標語，告訴消費者「貨物售出，概不退換」！如此霸道強硬的口吻，似乎等同於告訴消費者：「你買東西前，要自己看清楚，只要你把錢給了我們，以後的事情，都跟我們這家店完全沒有關係。消費者就請自求多福吧！若是商品有問題，我們是不會給你任何幫助的，我們不會退你錢，也不會讓你換其他商品的。因為我已經明白的告訴你了，商品售出概不退換。」

雖然公平交易法已經明確的告訴我們，貨物售出後，消費者仍然是可以要求店家退換貨的。但如果你是消費者，看到店家仍用這種蠻橫無理的經營態度來面對顧客時，你還能安心的在這裡，盡情選購你想要的東西嗎？

一家經營成功的商店，一位能博得顧客信任的店員應當時時思考能再為顧客多做些什麼，而不是一味想著如何逃避責任。

課後複習 Point

每一家商店對消費者所提供的服務，比的是「服務內容」、「服務品質」與「顧客的滿意程度」。

48 Lesson.....

專業知識的傳遞

前一陣子，我和朋友打棒球時，不小心把手臂撞出一片瘀血，當時覺得也不是什麼大病，所以不想去醫院看診，於是就到附近的西藥房買了撒隆巴斯來解除痠痛。當我向老闆表明希望購買撒隆巴斯時，老闆並不是拿我指定的商品給我，而是拿出別種產品向我大力推銷，順便不忘告訴我，撒隆巴斯的品質是多麼無效、價格又是多麼貴！

因為長期以來我對於這項商品的品質有信心，況且我對於老闆所推薦的新產品，在品質、價格與產品的知名度上存疑，遂婉拒了老闆的推薦，依舊堅持要購買我剛指名的產品。

只見那老闆隨即臉色一沉，心不甘情不願的從抽屜裡拿出撒隆巴斯丟給我，順口嘮叨一句：「賣這種東西只是在免費做你們的奴才罷了，根本都是照成本價賣給你們，連一塊錢都沒得賺。」忽然間，我深深感覺到，我向他買東西似乎是我的錯。

過沒幾天，我在別家西藥房又購買了相同的商品，相同的對話，然而這次老闆不只很親切的拿出撒隆巴斯給我，並且建議我：「回家時，可以將溼毛巾放入微波爐裡稍微加熱，再拿出來做熱敷，這對於減輕肌肉痠痛有很不錯的療效。」他還提醒我，若是剛撞傷的瘀血，要先用冰敷，以加速微血管的收縮，待一、兩天之後才能使用熱敷。老闆還不忘關心的問我：「是否會造成生活上的不方便？」在相談甚歡的情形下，我想起了上次的經驗，於是好奇的問這位老闆：「賣撒隆巴斯是否都沒有賺錢呢？」那老闆笑笑的回答我：「做生意，服務顧客也是很重要的，賺不賺錢是其次。讓顧客的疼痛能夠解除，才是我們經營努力的目標。」臨走時，老闆還不忘祝我早日康復！

這種溫馨的感覺，也使得我在日後成為這家店的忠實顧客，在內心裡，我這麼告訴自己，就算他以後賣的商品，比別家店還貴一點，我也願意繼續光顧這家店。在這裡，我得到被尊重的感覺，也學會了親切對待顧客的重要性。

課後複習 Point

服務顧客也是很重要的，賺不賺錢是其次。讓顧客的疼痛能夠解除，才是我們經營努力的目標。

第5講

有效的廣告行銷方式

- ✓ 開店以來有主動印過 DM 或海報？
- ✓ 會主動提供名片或服務電話？

Lesson.....49

充沛的商品

當消費者想選購一樣產品時，無不希望這家商店能提供充裕的商品，來供他做多重的選擇，雖然消費者原本的初衷，可能只是想購買某一件產品，此時，若是店家能提供眾多同質性的商品來供消費者選擇，不只能增加消費者的購買欲，更能增加成交的機會，由於他所買到的商品是經過詳細的比較與挑選才決定的，因此心裡的感覺上會讓他更為舒服、滿意。

雖然多數消費者購物的動機，是習慣經由親朋好友的推薦，或是從電視廣告裡看過這項商品，又或許，他以前也曾經使用過這項產品，覺得品質不錯，而想再次購買……。然而，當他想再次購物時，無不希望能再找到比他之前所購買的商品還更適合的，此時，若店家能夠提供更多商品來讓消費者選擇，消費者就有可能提高他原先預計購買的金額與數量。

「創造自己的風格，走出自己商店的品味」，在眾多同類型的業者之中，想要出奇致勝，可以將店裡的主力產品，做一個與同業不同的區隔，亦即「異中求同、同中求異」的營運方式。例如有些服飾店，就將其主力商品定位在超大尺碼的衣服上，藉此吸引需要超大尺寸的消費者。

但小商店畢竟不是百貨公司，若只一味的追求消費者所要的每一樣商品都能在店裡找得到的話，無疑的將會面臨必須增加很多資金的問題。與其多而不精，倒不如將商品的主力集中，創造我們店裡「獨一無二」的特色，來達到精而專的地步；讓消費者想到某一個品牌就聯想到我們這家店，或想購買某一項特殊商品，就自然而然的想先光臨我們這裡。

在日本，我拜訪過一家只販賣太陽眼鏡的眼鏡店，在這間眼鏡行裡，只販賣太陽眼鏡，而未提供為消費者驗光配眼鏡的服務。在開業之初，此創舉被同業以不可思議甚至是看笑話的態度臆測，認為這家店頂多只能夠維持幾個月的時間就必須面臨歇業的命運。

但因為這家商店網羅了所有品牌的太陽眼鏡，在消費者的心裡，已經建立起太陽眼鏡專賣店的形象，消費者在這裡，幾乎可以選購到所有廠牌及款式的太陽眼鏡，這也使得大部分當地的消費者，若想購買太陽眼鏡時，第一個念頭就先想到這家專賣店，而想來這裡看一看。

消費者要購買的並不是店裡面全部的商品，而只是要購買他所需要的一、兩樣東西，但是消費者卻都希望能有多種同類型的商品來供他選擇，若你在這方面的商品款式夠多樣化，能夠完全滿足他，價格又在合理的範圍內，有什麼理由不來這裡選購呢？而這種十分專業的行銷概念能創造出傲人的業績，也就不足為奇了！

幾年後，我又再度造訪這家太陽眼鏡專賣店時，店東很高興的告訴我：「我又在這附近開了一家隱形眼鏡專賣店！」當然，這家專賣店也延續了這種專業的經營模式，這家店在同業間的隱形眼鏡市場占有率，依舊有著高於其他同業的業績表現。因為少了在光學鏡框和鏡片上的庫存資金，在總體資金的投資成本上，並沒有比其他同業多，但他們所創下的營業額，卻是其他綜合眼鏡店的三倍。

他所做的，只是把一般眼鏡行需要投資在眼鏡框和眼鏡片的成本，集中投入在隱形眼鏡上面，因為庫存量的充裕讓店家有了專業的形象，消費者也有了更多選擇，並且提供了更快速的交貨服務。

商家有了充裕的商品，而在對顧客的應對上更是充滿信心，消費者也因為在這裡，有著所有品牌的隱形眼鏡商品，可以滿足他購買的欲望，所以也都很樂於來此參觀選購。

店家還告訴我一個小祕密，他說：「因為進貨的數量多了，在價格上，廠商還會給予特別的優惠，這可是我始料未及的！」這位經營者，就順水推舟的再把這些優惠回饋給來店的消費者，這也使得來這裡的顧客能夠享受到別家商店所無法提供的額外福利。

值得注意的是，消費者的福利變多了，店家的利潤也增加了，然而這家商店的投資成本並沒有隨著增加。

在台中精明一街的某服飾店，也看到類似的經營模式，店鋪裡所看到的全都只有黑與白兩種色系的服飾，相信對這兩種色系情有獨鍾的消費者，當他們想添購一件黑、白色調的服飾時，第一個念頭就會想起這家獨具特色的店。

在分工精細的社會裡，若你早一步對未來的市場做出與同業不同的區隔，將會比別人更能在消費者心中留下深刻的印象，進而占有廣大的市場。

課後複習 Point

只要有巧思，消費者的福利變多，店家的利潤也增加，而商店的投資成本卻不會隨著增加。

Lesson 50

廣告的方式及價格

廣告的目的，在於讓消費者知道，這裡有家什麼樣的商店，販售著什麼樣的商品，以及販售的價格是多少。透過各種廣告的方式，來加強這家店在消費者心目中的印象。

廣告的方式，由於小商店有所謂的區域性，所以並不需要將資金投入在全國性的媒體中；畢竟小商店的營業範圍並不像大企業般在全省各地都有據點。因此，小商店應針對社區做密集廣告，才能達到廣告的效果。至於廣告的種類則可分為——移動式廣告車、ＤＭ聯合夾報、走馬燈廣告、地方電台、社區刊物廣告……。

以廣告宣傳車來說，請廣告社製作廣告車的車身壓克力招牌，目前的行情是一台車約五千元上下，而每一天雇工代為跑廣告車的工資、租車費和油價，則約在一千六百元，每天廣告的時間約在七小時；廣告車的效果能夠直接將店家的訴求，在第一時間傳遞給每位消費者，但想要以廣告車做廣告時，也要考慮廣告車的音量要適當，太大聲的音量反而會引起消費者的反感！如此一來將對店家的形象帶來反效果的宣傳，但太小聲或是太快的車速，則又達不到廣告的效果。

至於印刷ＤＭ做夾報廣告，若是店家為求整體平面上的美觀設計，可以自行請印刷廠代為製作整篇幅的廣告單。也有一些聯合廣告的ＤＭ，是值得參考的，這種聯合製作的ＤＭ，以一小單位為二千五百元，所發行的份量約是三萬五千份（這端視各地區聯合ＤＭ所印刷的數量而定。）

我有一位典當業的朋友，在他最近印製的ＤＭ中，我不只看到了創意，更見到了廣告的精髓。在宣傳單上，他標示著：「非廣告，只為傳達一個正確的訊息！」這份印刷精美的ＤＭ裡面，旨在教育一般社會大眾，如何在有需要向銀行或當鋪借錢時，正確的找出對自己最有利的條件來和銀行或當鋪談判。其內容也教導民眾要如何判斷哪一家才是政府立案的合法當鋪，以及哪一家當鋪是披著羊皮的狼，在合法當鋪名義掩護下，經營著非法地下錢莊的勾當。在這份ＤＭ裡，我沒有看見任何一句標榜自己店裡是多麼優秀的話，只在ＤＭ末端一小行的地方，寫上他自己的店名。

這種反向思考的廣告模式，先解除了一般民眾，認為廣告都是千篇一律的說詞，認為再怎麼看還不都一樣就直接扔進垃圾桶的做法。這分傳單上既然標榜著「非廣告」，只為傳遞一個正確的訊息，如此一來反而會讓消費者以一種想多了解社會基本常識的態度去接納這份「非廣告」的廣告，甚至願意花較多時間去看看這廣告單上所寫的內容。

反觀在各行各業裡，絕大部分的廣告，十之八九都是在價格上做宣傳，再不然就是標榜著自己是多麼優秀，是如何與眾不同，卻很少發現這種形象廣告！同樣是花費一筆廣告費用，難道說一定要在價格上做文章才能吸引消費者上門嗎？其實，各行各業在做ＤＭ廣告時，可以考慮在宣傳單的內容上，以教導消費者增加日常生活知識的方式來做為刊登廣告的內容。

電器業者，可以教導消費者要如何節約電器用品的電費；服飾業者，教導民眾如何在平時或換季時保養衣服；汽車修理業者，在ＤＭ的廣告中可以教導民眾要如何自我檢測維修車輛的小問題……，這些資訊，都是一般民眾所樂於見到，也渴望知道的小常識。

在我們的專業領域裡，有很多專業知識可以提供給消費者。而這些比較專業的內容也是消費者所不清楚的！將這些正確的觀念，透過形象廣告傳遞給消費者，不只能讓我們的專業形象，無形中在消費者心中悄然建立，更可以在廣告的同時，教育民眾，提昇國民的素質。

而以有線電視的走馬燈廣告來說，文字稿約在七十二個字以內，不含標點符號，可以自由發揮的將店家所要表達的廣告內容。不定時以走馬燈的形態傳送到每一家收視戶的眼中，所需費用則為每天二千元，若續買五天，有些有線電視業者還會再免費送廣告一天。

此外，廣播電台的插播廣告，對於一些經常收聽廣播的民眾而言也可以達到廣告宣傳的效果。然而，對於我們所選擇的廣播公司，也要經過篩選才行。一般青少年，或是某些中小型的公司，他們上班或休閒時所收聽的電台，絕大部分都習慣設定在以國語發音為主的調頻節目。而地方電台，基本的收聽群眾則以老年人居多，說的多是地方語言，對於商家的廣告對象，也可依節目類型及我們所販賣的產品，做為選擇廣播電台及時段的依據。

至於社區的刊物廣告，某些傳播公司會結合地區有線電視的節目表，配合年曆、農民曆、交通工具時刻表和生活的小常識來印製成冊等等，以一整年都可以使用的萬用記事本模式來發行。這一類完全針對區域性所做的廣告記事本，往往在發行之後，在上面刊登廣告的店家都能收到不錯的宣傳效果！也因為此類型所登載的廣告，在時間上長達一年之久，很適合讓店家當成一種形象廣告的方式來處理，所以這類型的廣告，不宜以低價商品來做為刊載廣告的訴求。

其他諸如在面紙上印上店名，於人來人往的鬧區免費分送給路人；印有店名的小貼紙張貼在一些合法的布告欄裡面；郵寄ＤＭ給認識或不認識的消費者；或在市區中，交通流量大的地方，電視牆上的廣告看板、公車上的車廂、車體廣告，廣告種類實在多得不勝枚舉。小商店必須確實讓每一筆廣告費用的支出都能用在刀口上，以最少的金額發揮最大的效果。

在我們的日常生活中，無處不見廣告，也無處不見招牌！廣告，正無時無刻在無形中，試圖以各種不同的形態、不同的方式、在不同的時間裡侵入我們的腦海裡，期盼能讓消費者留下最深刻的印象。然而，要如何能在眾多廣告宣傳中，贏得消費者的注意力，確實達到宣傳的效果，則有賴店家多用心來選擇最適合自己的廣告了！

課後複省 *Point*

透過形象廣告將正確的觀念傳遞給消費者，便能在消費者心中悄然建立起店家的專業形象。

51 Lesson……

申請0800的電話，做為與顧客聯絡的工具

在某些行業裡，他們的業務推廣，最主要的業務往來在於利用電話做為與顧客連繫的主要工具。藉由電話，消費者對於商品有任何疑問，或是需要訂貨時，他們會以打電話的方式向店家下訂單。

店家應該評估店裡的顧客是否經常會打電話來，若每天總是有消費者以打電話的方式和你做業務上的溝通的話，那麼你就應該主動為消費者考量，貼心的去申請0800免付費電話，提供免費門號來供消費者使用；這種貼心的為消費者設想的做法，會讓消費者更願意使用這支免付費電話。

站在消費者的立場想想看，若是你現在面對的是兩家以前都不認識的廠商，一家提供的是一般使用者付費的電話，而另一家廠商所刊載的是0800受話方付費電話，你會先打哪支電話與哪家廠商聯絡呢？

若是那家提供0800電話的廠商，對於你所問的問題能夠讓你得到滿意的答覆，他們即搶到了市場上第一個與消費者接觸的先機，拔得頭籌，而成交機率也將會大幅提

升！而這家廠商所做的只是多了站在「消費者的立場」設想，提供了0800的免付費電話。

若每天只是零星的消費者會打電話來店裡，也應該設有顧客的專用電話號碼，將消費者使用的電話與家用電話分開。目前以電信業的發達程度，多申請一線電話並不需要花費太多錢。

如此一來，可以避免發生因為你占據電話和朋友聊天，而使得消費者有事打電話聯絡時打不進來的窘況。再者，當這線消費者專屬電話鈴聲響起時，店家也能夠有心理準備，進而提起抖擻的精神來面對消費者。

為自己的店多爭取讓消費者青睞的機會，總比苦等消費者上門還來得容易些吧！

課後復習 Point

為自己的店多爭取讓消費者青睞的機會，
總比苦等消費者上門還來得容易些吧！

Lesson 52

別讓消費者忘了你的存在

你有沒有十足的把握，確定這位剛在這裡購物的消費者，當他再有需要的時候，是否依舊還會來我們這裡購買呢？還是這位消費者，如斷了線的風箏一般，從此一去不復返了？

在台灣就流傳著經營之神王永慶先生昔日的打拚故事：過去開米店的他，總會細心的記錄著每個向他買米的家庭還有多少存糧。在早期的台灣社會裡，當家裡需要買米時，並不是像現在去超市購買，而是需要消費者親自前往米店，或打電話請米商為我們送米過來。

這位經營之神口袋裡的筆記本，總是詳細的記載著每一個家庭叫米的時間，他會推算有哪一家的米快吃完了，然後不用等到顧客打電話來，就主動將這個家庭這個月所需要的米糧送到，消費者也習慣性的依賴這種供需方式。

要與消費者維持長時間的主顧關係，須不時的以各種方式來提醒消費者，讓他記得有我們這家店存在。在年節時寄張賀卡；在消費者生日之際，寄張生日卡；在有了消費者喜歡的新貨進來時，不忘提醒他們；有需要定期保養的產品，也不忘在期限到期之前，通知消費者前來做保養。

而這種關懷與祝福，盡可能不要摻雜太多商業色彩，點到為止，讓消費者不要忘記你的存在就可以了，否則很難引起消費者共鳴的。

對於經常在你店裡消費的常客，更應該找個時間，在適當的時機親自去拜訪他們，讓他們知道，我們很感謝他長期以來一直照顧著我們的生意。

有一位經營西藥的業務經理，他所接觸的顧客群以執業的醫師居多，而這位業務經理的後車箱中，總是放著一籮筐的當季新鮮蔬菜瓜果。我好奇的問他用意何在，他拿著手上的大黃瓜告訴我，每隔一段時間，當他需要去拜訪某一位客戶時，總會先繞去果菜批發市場，購買一些當季的蔬果來饋贈給他公司的長期顧客。

送太好的禮品對方不見得願意接受，而且也太公式化了。送醫師這些家常東西時，他向醫師說這些大黃瓜是家裡農地自己種的，特地送過來給醫師品嘗看看。

業務經理笑著告訴我：「這善意的謊言所費不多，受者實惠，對彼此商業情感的建立，是有很大幫助的。」望著車裡的芒果、荔枝，他說等一下還要順便到市場買幾條虱目魚，去拜訪另一位客戶——當然，虱目魚也是自己家裡魚塭所飼養的。

課後複習 Point

對消費者的關懷盡量不要摻雜太多商業色彩，點到為止，讓消費者不要忘了你的存在即可。

第 6 講

開店一定要做的功課

- ✓ 對附近類似的連鎖店有做過調查？
- ✓ 常主動閱讀行業內的相關刊物？

Lesson 53 小商店的布置及行銷

小商店的老闆都希望自己能夠面面俱到，既要懂得顧客心理學，又要十分熟絡的運用行銷廣告策略，期盼時時刻刻讓店裡面看起來充滿朝氣與活力。

店裡的大小事務，舉凡櫥窗布置、貨品管理等等，一切都要自己來，簿記結帳更不能假手他人，每天還要親自做著煩瑣的店務清潔工作，稍有空閒時，更得安排在職進修以充實自己的能力。

如果沒有過人的體力與智慧，是很難將這每一件事情的每一個環節都做到盡善盡美的地步。

做為一個小商店的負責人，每天所要付出的心血與體力，是一般沒開店做生意的人無法深刻體會的。既然我們在創業時毅然決然的選擇了從事這個行業，如今也唯有堅定目標、無怨無悔的往前奮鬥，才不會在如此激烈的環境中被淘汰。

在櫥窗擺設的硬體方面，除了多觀摩各行各業的櫥窗設計，用心將他們的優點記錄下來之外，還要多看一些裝潢、美工設計之類的書刊，從書裡面來啟發我們的一些靈感，讓整間店面，不論是從外觀上或是店裡商品的擺設，都能表現出一種美輪美奐的感覺。

至於軟體方面，在與消費者接洽時的銷售技巧上，平時則需多用心，隨時隨地將我們日常生活中，所體會到別人給予我們的優秀銷售方法，記載下來應用在店裡面。感覺不好的，也要時時警惕自己，不要讓來店裡的消費者有種不好的感覺。

找時間讓自己養成閱讀的習慣，至於書的選擇，不見得每次都要強迫自己閱讀勵志小品，或是商業經營類的書籍，若你今天看的是食品烹飪的書，恰巧遇上消費者與你聊天，煩惱著不知道該為家人準備什麼樣的晚餐時，你將可以適時的建議一下剛剛所看過的菜色。此時，不只可以將書上所看到的烹飪方式，現學現賣的建議她做一道宮保雞丁、糖醋排骨或是一道可口下飯的五更腸旺、開陽白菜等等，家常閒聊的話題，更容易拉近與顧客之間的距離。

若閱讀的是釣魚的雜誌，而你的消費者也喜歡釣魚，就可以跟顧客所感興趣的釣魚話題搭上線；當你看過一本心靈改革的書籍、一本休閒旅遊叢書，甚至於是一篇醫學報告，這些都可在日後成為你與消費者交談時的良好話題。開卷有益，從書本上我們可以很快速的學得別人幾十年來所有的經驗與心得。

課後複習 Point

開卷有益，從書本上我們可以很快速的學得別人所有的經驗與心得，來作為布置及行銷的參考。

Lesson 54

學習別人成功的優點

我曾經拜訪過一位在美髮界頗富盛名的經營者，在訪談之中告訴我她的經營理念。她說雖然店裡已經聘請了數十位優秀的美容美髮師，然而當她需要做頭髮時，很少在店裡找師傅做，而是去別家美髮院找別的師傅幫她做。這種想法在一般人的眼裡或許很難接受，總認為身為老闆娘在自己店裡做頭髮又不用花錢，何必去外面找別的師傅做，多支出這筆開銷呢？莫非是對店裡面師傅的手藝不放心？還是和店裡的師傅合不來……？

她解釋的理由是，她願意多花一些錢去別家店做頭髮，因為一來可以暫時拋開壓力，離開一下自己的工作場所，輕鬆的享受每一位美髮師對她做的服務，藉由他們精湛的手藝來放鬆自己。再者勇於嘗試，從其他美髮師的手藝中，找尋自己未曾想過的靈感，繼而再創造出新的髮型。

此外，這麼做也能夠很客觀的學習別家店的優點，因為此時，她是以著消費者的角度來感受這家美髮院所提供的服務。進而她會再觀摩思考，有哪些缺點是不應該讓它出現在我們店裡面，有哪些優點是真正值得我們去學習的地方。回到自己店裡的時候，就將這些優、缺點運用在店裡的經營上面，也因為她用了這種觀摩、學習與反省的態度在用心經營著她的店，使得她的店在地方上成了頗有人氣的一家髮廊。

「換一個環境、換一個角度」去思考相同的問題，你的答案會是客觀且公正的，自己看別人的優缺點很容易，要改變自己的缺點卻很困難。當我們身為消費者的時候，都能夠輕而易舉的指出別家店有哪些缺點是需要改進的，因為此時，你是以較嚴格的眼光去看待這家店，你會用比較苛求的態度將對方放在放大鏡下做審視。

但對於自己一直存在的缺點，往往有意無意的忽視它的存在。不只對自己的缺點找尋種種藉口與理由來原諒自己，甚至忽略這個已經對我們店裡營運造成傷害的缺點；不僅不積極尋求改進的方法，也不願意面對問題思索自己的缺點所在。以如此的態度來做為生活的準則，勢必無法成就任何一項事業，更何況是經營一家必須投入全部時間與智慧的小商店。

任何一個在業界成功的經營者，必然都有他的優點，而每一家經營不善的店，也一定都有著他之所以沒辦法再繼續經營下去的理由。只具備單一項優點，並不足以讓整個商店的營收，達到財源滾滾蓬勃發展的地步；而只有一項缺點，也不至於讓整間商店，走上結束營業的悲慘命運。優缺點都是在一點一滴中累積而成。

設身處地的以消費者的立場去思考經營方式，將心比心，如果你是上門購物的消費者，你會希望得到店家什麼樣的服務。

胡適先生說過：「要怎麼收穫，先那麼栽！」當你站在消費者的角度去觀看一件事時，所得到的結論，跟你以經營者的角度去思考時所得到的答案，可能就會不一樣。反向思考的應用，往往也能夠讓你在面臨事情瓶頸時，茫然不知所措之際，讓你找到解決困難突破困境的新方法。

唯有讓自己的商店累積更多優點，才能夠在這麼競爭的行業裡，創造出傲人的業績。而想累積優點，最簡單、最實際的方式，則是多向成功的店家學習，看看他們怎麼做，想想自己該怎麼做，繼而走出自己的風格。

商場競爭優勝劣敗，「適者生存，不適者淘汰」的自然法則，是很現實也很殘酷的，唯有經由自己不斷充實各方面的知識，全力以赴，才能在業界脫穎而出，成為一位傑出的佼佼者。

課後複省 Point

「換一個環境、換一個角度」去思考相同的問題，你的答案會是客觀且公正的。

Lesson 55

多參加社團活動

在保險業，流傳著一句順口溜：「有樹就有鳥棲，有人就有業績。」這句話其實就是在提醒每一位保險從業人員，要廣結善緣，多認識一些人，繼而開拓無可限量的業績。

小商店的經營者，長年累月獨處在這工作環境中，辛辛苦苦的默默耕耘，若再不踏出腳步邁入人群，無形中將會漸漸與社會上的脈動脫節；久而久之，在生活圈子逐漸縮小的情形下，也會減少讓別人認識你的機會。

做生意「開源節流」很重要，很多人都將大部分的時間用在思索要如何節流上，卻忘記應當更積極的去尋求開源的管道。

我覺得與其將時間用在苦思要如何節流上，倒不如將時間與心思多運用在如何拓展業績還來得實際些。現今的社會，其實有很多社團可以考慮加入，如獅子會、國際青商會、扶輪社，乃至於眾多民間社團的樂團、讀書會、外丹功、插花班、電腦研習班、社區聯誼會等等；而這些社團，正是足以做為躍進人群的跳板，也是邁向成功之路的墊腳石。

在這眾多社團裡，最好以自己的「性向」做為選擇加入哪個社團的考量，而不是以一種參加了某個社團，就可以拉攏裡面的學員來店裡消費的心態加入。

抱持著終身學習的積極態度加入社團，除了能夠獲得所希望的知識外，更可以藉此調劑一下平時工作上緊繃的壓力；我們應將參與社團的目標，定位在增加自我本身的「技能」與「興趣」上面，與學員之間的良好互動，將可以拓展你的人際關係，本著「多聽、多看、多學」的態度來增廣見聞，在日後面對消費者的談話中，也有著足夠的內涵來與顧客做應答，至於店裡的營收增加，只是隨之而來的附屬品。

課後複習 Point

要廣結善緣的多認識一些人，繼而開拓無可限量的業績。

Lesson 56

面對連鎖店的折扣戰

在商場上的競爭，很多商店直接想到吸引顧客的方式就是以標榜「超低價」試圖吸引消費者上門。這種只在價格上做文章的短視商店，是難成氣候的。同樣的商品，若是只在價格上和同業拚哪一家的售價低，在短時間內，或許能吸引一些貪小便宜的消費者來這家店消費，然而在這種基礎上所建立的主顧關係是很脆弱的，一旦別家商店的售價比這家商店還要便宜，只怕這些消費者會立即見風轉舵，投入別家商店的低價促銷策略中去。

企圖以低價來拉攏消費者上門，將是一個永無止境的惡夢，當這區域的某家商店率先掀起了低價的折扣戰之後，代之而起的，是讓更多短視的同業有樣學樣，紛紛起而效尤，而這種殺雞取卵的生意之道，或許在極短暫的時間內，能看見店裡的來客數增多，但對於實際上的利潤增加並沒有太大的幫助。

雖然我們都可以預見未來的商業市場，在利潤的空間上會壓縮得比以往更嚴重，但這並不代表是一個低售價時代的來臨。我們都鄙棄漫天開價的暴利，卻堅持店家能夠獲得合理利潤的原則，於此基礎下保障消費者應有的權益與我們所提供的服務。

做生意是將本求利，低價商品不可能擁有太高的品質，而品質較差的商品，其價格也自然低廉，這是每一個人都知道的道理。

然而，有些店家，則偏偏要在把次級商品以低價售出時，硬要欺瞞消費者，使其誤以為他所購買的是高級貨。當消費者購買了促銷價格中的便宜商品後，若在使用上覺得這商品的故障率偏高，消費者很少會認為自己當初所購買的就是廉價商品，以致於品質上會較差，反而會將這項商品的品質直接跳過價格部分，就直接歸咎於這家商店所販賣的產品太差勁，導致商品的故障率太高。這些以低價販賣的商品，在販賣之時所賺的利潤就不好，如今，再讓消費者將不良產品的印象與店家的信譽聯想在一起，企圖以低價來吸引消費者建立顧客群的做法，實在是得不償失的作法，不僅賠了夫人又折兵！

更為惡劣的商業手段是，表面上以極低的價格，甚至於以低於成本價的方式大做廣告，希望能藉此做為吸引消費者上門的誘餌，等到消費者上門之際，再大吹法螺，鼓其如簧之舌，大肆推銷價格更為昂貴的商品。這種將消費者視為玩物的經營手法，只會斷送自己的商譽。任何聰明的消費者都了解一句話：「羊毛出在羊身上！」或許經由巧言令色的推銷，消費者會在一時的激情下購買了商品，然而當消費者事後回想起來，這家商店廣告所標示的價格，與他實際所付出的價格竟是如此懸殊，除了有深深受騙的感覺之外，日後也會對這種不誠實的商店望而卻步的。

長期以低價廣告來吸引消費者的商店，只會讓有意購買，但在時間上並不是那麼急迫的消費者存有一種觀望的心理，他會期待著這一家商店會再推出更低的折扣，而希望能以更低價格來購買，顧客群也會在等待的心理下漸漸流失了，這對只重視價格戰的商店來說，無疑是一大損失。

課後複習 Point

在店家能獲得合理利潤的原則下，不僅能保障消費者應有的權益，更能確保店家服務的品質。

57 Lesson.....

實地了解連鎖店的經營手法

孫子兵法中，有一句大家都耳熟能詳的至理名言：「正所謂善戰者，知己知彼，百戰不殆。」

面對著大型連鎖店的競爭壓力，我們確實有必要實地去了解他們的經營方式及廣告內容，如此才能了解對方有多少籌碼，而自己又掌握了多少實力。特別是大型連鎖公司在行銷廣告方面，都聘請專業人員做商業設計與形象包裝，這種大手筆的做法，也是小商店心有餘而力不足的地方。然而，小商店卻也可輕易的以四兩撥千斤的方式，不費吹灰之力就化解大型連鎖店排山倒海的攻勢。

連鎖店所推出一波接著一波的廣告用詞，往往能夠撼動消費者的心，引發消費者的購買欲望；廣告最淺顯的道理，即在於引起消費者的注意，進而達到銷售的目的，因此而做的一種宣傳行為。

面對連鎖店所打出的某些不合理廣告，例如某某商品只要一塊錢，某某商品終身免費保固，某某商品買一送三。他們的做法，在於先吸引消費者上門，再強力推銷其他高價位的商品；甚至在消費者上門之後，為了要達成公司規定，必須成交某些高單價商品以達到一個定額的業績時，而自我否定廣告上所標榜的促銷產品的品質。

當你了解他們的促銷手法之後會發現，往往要購買那些商品時，是有附加條件的；其手法不外乎是，每家店每天只限量供應一些低於成本的貨品，因其供應數量有限，消費者往往必須要在下次先行提前排隊才可能買到；否則就是要消費者先加入他們的會員，才有權力享受某些福利，再不然就是要求消費者，必須在店裡的購物累積到了足夠的金額，方能擁有以上的優惠。

聰明的消費者當然了解天下沒有白吃的午餐，也沒有不勞而獲的道理，但面對不夠理性的消費者時，我們要如何回答他的問題？當你又再度面對這些連鎖店打出的不合理廣告時，先別自亂陣腳，亂了方寸，親自走一趟實際的去當一個消費者；在那裡，你會知道所有問題的答案，你的疑惑將全數解開，也將會很清楚他們葫蘆裡賣的是什麼藥，為什麼廣告上所標示的商品價格那麼便宜。當你再遇上消費者問，為什麼那家店所賣的商品價格，都是那麼低廉時，相信也可以為消費者做出一個合情合理的解釋了！

課後復習 Point

孫子兵法中，有一句耳熟能詳的至理名言：
「正所謂善戰者，知己知彼，百戰不殆。」

58 Lesson……

不景氣時的應對

在訪談過的多家商店中，常常聽到某些商家抱怨說：「景氣不好！整個消費市場嚴重萎縮，客人的購買欲望都降低了，一天沒幾個客人上門，生意簡直快做不下去了！」

再不然，就是抱怨別家商店的惡性競爭，以低於成本的促銷廣告，先吸引貪小便宜的消費者進門，再予以推銷高單價商品，導致整個商品的行情都破壞掉了；有些則抱怨消費者想來店裡購物時無處停車，只要顧客一違規停車，車子就立刻被拖吊車拖走，使消費者都不敢上門。有些商家，更是直接問我，消費者都不知道跑哪兒去了，開了一整天的店，連一個顧客都沒有上門！

從這眾多的抱怨之中，我看到了每一家生意不好的商店，他們雖然都在反省，但他們反省的都是別人，卻沒看到有哪一家商店是在反省自己，好好靜下心來想想為什麼消費者不再上門購物的真正原因。

他們的眼裡只看到，生意之所以不好，是整個社會價值觀念改變的錯；是現代人變得世故沒有人情味的錯；是整個國家領導方向的錯；是整個世界經濟蕭條的錯。他們這些生意不好的店，只是在這一連串錯誤政策下的犧牲品，他們只是景氣不好的受害者。於是，他們為自己生意不好的結果，找到一個相當充裕的駝鳥理由，來安慰自己日漸沒落的業績；然後，再繼續自怨自艾的懷著無助的心情，等待著景氣復甦的那一天到來。

然而，我很想告訴那些認為「生意不好全都是景氣不佳所引起」的那些商店，在景氣不好的時候，依舊有某些商店的營收，並未受到景氣不好的影響，依然生意興隆，蓬勃發展。這些成功的商店，不只絲毫不受景氣不佳的影響，甚至還屢屢再創業績的高峰。而在景氣好的時候，不也依然有很多經營不善的商店，面臨關門歇業的命運嗎？各行各業的興衰，難道全由政府所公布的景氣黃藍燈訊號左右？而店家都不該用心經營嗎？

有一個聽起來很無奈，卻又很真實的笑話，有一位財經官員，想了解在景氣低迷時，一般小商店老闆的心聲，就問了一位老闆：「景氣這麼差，你的生意有受到影響嗎？」

那老闆回答他說：「完全沒有影響！」

那財經官員很高興的想將這位老闆的經營理念，在明天的報紙上廣為宣傳，讓全國的商店都能做參考，於是就再問那老闆：「你是怎麼經營商店，而能絲毫不受景氣不佳影響？」

只見那老闆意興闌珊的回答說：「景氣不好的時候，生意當然不好。景氣好的時候，生意也還是這麼差！所以景氣好不好，對我絲毫都沒有影響！」

若說景氣不好，消費者的購買欲望會稍微降低，這確是事實，然而，在一些基本需求的物品上，消費者依舊是會購買的，只是，這位消費者他會向誰購買呢？不景氣所造成的影響，是全面性的！每一家商店所感受到的壓力都是一樣的，以至於每一家商店都退一步，回到同一個起跑點上。但是整個消費市場卻仍舊是一直存在的，並未因景氣不佳就消失了，這些為數眾多的消費群只是被用心經營的店家所瓜分走了。

在這段景氣低迷的時間裡，你做好了充分的準備，等待景氣復甦的那一天到來時，能夠有著比現在更充裕的能力，去面對未來的挑戰嗎？又是否已經有了更多的準備，能夠賺取消費者的錢呢？還是依舊渾渾噩噩的一天過一天，等待著景氣已經復甦的消息到來？

就算財經專家現在公布明天景氣即將復甦，一些未能在這段期間，好好的把握空檔，自我充電的店家，又怎麼會有新的知識與力量來面對這新時代的考驗呢？

與其認為現在景氣不好，為著來店的消費者正逐漸減少而煩惱抱怨，倒不如善加利用這段空閒時間，多多涉獵各方面的知識，多加強專業的技能，以期再創未來事業的高峰。

曾經有一位求職者，向我訴苦抱怨說：「現在要找一份高薪的工作，很困難。」我拿了當天報紙所刊登的求才欄給他看，當場就指了很多薪資十分優渥的工作告訴他：「這些工作的待遇都不錯，而且現在都急著徵人，怎麼會找不到工作呢！」他看一看回答我說：「這些求才欄上面寫的都是英文，我看不懂！」我翻譯之後簡單的告訴他，這些公司所要徵求的人員，最基本的也都需要具備流利的英文說寫能力。

這位求職者本身的能力不夠，縱使有一份月入數十萬元高薪的機會，恐怕也和這分錢多事少離家近的工作無緣了！這件事明白的告訴我們，社會上並不是沒有好的工作機會，只是本身若沒有具備相當程度的能力，即使最好的機會就出現在你面前，一個沒有能力的人，又怎麼能夠抓住這個好機會呢？甚至連機會就站在你面前也不會知道！

課後複習 Point

整個消費市場是一直存在的，並未因景氣不佳就消失了，不過是被用心經營的店家瓜分了。

59 Lesson……

服務和信譽是店家追求的目標

要如何在充斥著以低價來吸引消費者上門的競爭商場上屹立不搖？除了合理的售價之外，優秀的專業技術，親切的服務態度，誠實的商店信譽，用心的為每一位消費者，做好他們所託付的工作的精神，這都是讓每一位認識你的消費者，願意繼續來這家店消費的重要因素。

開店做生意，最終的目的就是賺取利潤！有了合理的利潤之後，我們才有能力為消費者繼續做更多、更完善的服務。消費者會願意在付出合理的價格之後，得到他所滿意的商品及你熱忱的服務，這就如同在一座天枰的兩端，尋求一個平衡點。

當別家商店紛紛以低價廣告做為他們的經營手法時，隨他們去做不正常的惡性競爭！我們大可不必因為一時意氣用事，而跟進隨著他們做出這種蠢事。若是冒然的跟著他們腳步起舞的話，在依樣畫葫蘆的情況下，你學到的只是「低價」這兩個字的皮毛。這樣的做法，只會讓在平時以合理價格向你購買商品的消費者，有受騙上當的感覺，對於業績的提升是沒有任何幫助的。

今天，就算你真的以低於進貨成本的價格賣出某些商品，消費者也不見得會因此相信你這些產品確實是賠錢賣給他的。他們頂多會認為你不過少賺了一點，不至於都沒有賺錢。就算你拿你的進貨單據給他看，他也不見得會相信。這種消費者的心態，應該讓所有習慣以「低價」來招攬顧客的店家，有所警惕！

現代商業的競爭，應該著重於強調本身的專業技術、商品品質與服務內容；你所建立的信譽，則是別人沒辦法模仿的。

課後複習 Point

現代商業的競爭，
應該著重強調本身的專業技術、商品品質與服務內容。

Lesson 60

與供應廠商建立良好的關係

小商店跟中盤商建立良好的關係之後，廠商不只能夠提供我們更充裕的貨品資訊，也能供給我們更多專業的知識，以及更多的優惠。店家與廠商的關係，應該定位在「互利互惠」的原則之下相互尊重，而不應該高傲的認為我們是廠商的衣食父母，若不是我向廠商訂貨，他們就沒生意可做，而對廠商提出很多不合理的要求。

當我們跟廠商有著良好關係之後，甚至進一步成了朋友，廠商除了在我們緊急需要商品的時候能以私人交情例外的幫助我們之外，也願意在下班時間，加班來趕辦我們所提的特別要求。

廠商整天所接觸到的都是我們的同業，對於優秀同業的經營方式，廠商比我們更清楚。建立良好的關係後，廠商不僅能提供一些同業的經營方式供我們做為經營上的參考，更可以提供我們目前社會上最新流行商品的種類，以及市場上未來的脈動。

多用點誠意和廠商培養良好的互動關係，你將會得到意想不到的好處。

此外，該付給廠商的貨款，別藉故刁難推諉，廠商將貨品給了你，提供你賺錢的機會，他們也希望能確實從你這裡順利收到貨款，以維持日後對店家提供更多商品的能力。

課後複習 *Point*

廠商不只能夠提供我們更充裕的貨品資訊，也能供給我們更多專業知識，以及更多優惠。

Lesson 61

和同業之間建立良好的關係

隨著全球化的腳步，早期壟斷市場的一些行業，甚至於獨霸資源的國營事業體，也都面臨來自世界各國的競爭對手。比方說中國石油公司，不再是台灣唯一的油品供應商，而台灣的菸酒公賣局，也已經不再是沒有競爭對象的專賣菸酒公司了。

現在，在台灣想找出一種沒有競爭對手的行業，幾乎是不可能了！尤其是小商店的經營，在我們的商圈附近，可能就有很多家商店與我們做著相同的行業，販賣著相同的產品。既然，彼此有緣做著相同的工作，那麼該如何與同業間保持良好的互動關係，就成了一項重要的課題了。

在早期的觀念裡，總認為「同行是相忌的、同行是敵對的」！一些目光如豆的經營者，常常處心積慮的想要打擊對方，處處攻擊別家店。同業與同業之間不相往來，甚至對於同業的商品、價格、技術等等，批評得一文不值，這種商店至今確實依舊存在著。他們似乎單方面的，想灌輸消費者一種「在此業界捨我其誰，唯我獨尊」的觀念。

當消費者聽到店家嚴詞批評別家商店的時候，不見得能夠認同這種一直攻訐別家店的說詞，反而會讓消費者義憤填膺的激起保護弱者的心態，對惡意批評別家商店的業者產生極度的反感。批評同業的是非，全然是吃力不討好、損人而不利己的不智之舉罷了！

隨著時代的改變，這種錯誤的行銷觀念，也已經到了需要徹底改變的時候了！在我們與同業建立起良好的關係之後，不僅在我們臨時需要某項商品，而店裡面又缺貨的時候，能緊急向同業借調貨之外，因為彼此都做著同樣的工作，在技術方面，也都有著相當程度的工作經驗與心得。

在將自己的經驗與同業分享之餘，也會從同業那邊獲得相當的回報。不用擔心與同業分享之後，會因此失去競爭的優勢，相反地，這麼做反而會得到同業的敬重，進而願意與你分享更多資源。也因為如此，若是消費者在別家店裡提起你，至少那家店的店東，因為跟你有所交情，也不會在消費者面前說些對你有負面影響的話。

課後複習 Point

批評同業的是非，
全然是吃力不討好、損人而不利己的不智之舉。

62 Lesson……

口袋裡準備的名片

在很多場合裡，我們都會不預期的與某些不認識的人見面。在朋友的宴會裡，在社團的聚會中，與我們同桌的人，或許之前並不認識，但在短暫的交談過程中，要如何快速的建立起別人對你良好的深刻印象，除了在平時多訓練自己幽默風趣的談吐外，精心設計的名片也常常能帶給初次見面者，很深刻的印象。

名片可說是一個人最基本的自我介紹函，上面通常都記載著你的姓名、地址、電話、任職公司、職位等等，還有些名片背面會登錄商店裡所販賣的商品簡介。

為了方便在往後的日子裡，讓你和初次見面的朋友，能有繼續聯絡的機會，名片的運用，就成了最簡單、也最方便的一種方式。而你此時口袋的皮夾裡，是否準備了充裕的名片，來讓每一位有可能在將來成為你客戶的陌生人，都能拿到你的名片呢？

人們從你手中接過一張精心設計的名片之後，會對你的印象特別深刻。我在這裡要特別強調的，是「一張精心設計的名片」；你可以和印製名片的印刷公司相互討論研究，做出一張獨一無二，而且能夠代表個人風格，或吻合你的行業的名片來加深別人對你的第一印象。

可別讓他們在收了一張平凡、又毫無創意的名片後，一回到家裡就往垃圾桶一丟，那將會是一張十分失敗的名片。如果你家裡有電腦的話，不妨自己設計一些別緻的名片，現在電腦軟體如此發達，個人如果想要自行印製名片，也已經不再是那麼困難了。

而皮夾裡的名片數量，也應該保存在十張以上，身上的名片帶得多，固然足以應付任何不時之需，但在攜帶方面卻會有累贅感；而若是攜帶的數量不足以發給在場新認識的每一位朋友，對那些沒拿到名片的人來說，心裡會有被輕視的感覺，而我們也將少了一個機會。

為了能夠從容應付突如其來需要大量名片的情況，在車裡隨時放著一盒名片，這一盒名片少說也就有一百多張了，應該夠你在突發狀況下使用了吧！

課後複習 Point

除了平時多訓練自己幽默風趣的談吐外，精心設計的名片也常能帶給初次見面者深刻的印象。

63 Lesson……

積沙成塔的經營

俗話說：「好事不出門，壞事傳千里。」身為一家商店的負責人，在經營過程中，應該更能深刻體會到這句話的含意。店家應竭盡心力去招呼每一位顧客，一來這是我們分內的工作，再者消費者付費享受我們的服務，也是理所當然的事。若想進一步藉消費者的口為我們這家店宣傳，除非他們在這裡的所有感覺都是正面的。

讓消費者在這裡有了賓至如歸的感覺，如此一來，在未來可能的機會裡，他才會願意無條件為我們宣傳，並推薦給親朋好友，介紹他們來我們店裡消費。在一般的情況下，每五位消費者覺得這家店還不錯，且值得他推薦給朋友時，通常只有一位顧客會主動的為我們大力宣傳。而若是有一位消費者，對這家商店不滿意，也得不到這家商店滿意的回應之後，他會把這種不滿的情緒，宣洩在他認識的所有親朋好友上，甚至會再加油添醋，誇大這家店的缺點。

他確實會影響的層面，可能達到五位消費者以上，甚至，會在他這五位朋友的家庭裡發酵，而影響了這些潛在的未來消費者，將來當他們有需要購買這些產品時，便會將這家商店排除在考慮購買的名單之外。

雖然說，這五位聽到流言的消費者並沒有直接感受到這家商店所帶給他的不愉快，然而這卻是在他們信賴的朋友身上所親自體驗的事，再怎麼說，他們相信朋友所說的真實度，遠比相信這家素昧平生的商店還來得高。

即使我們今天，願意為昨天的錯誤做改變時，也絕不可能在明天這短短的時間裡，就可以立竿見影的看到改變後的成績。但你的努力與付出絕對不會白白浪費掉，短時間內或許我們還看不出有什麼斐然的成果，然而只要持之以恆的堅持下去，總會有成功的一天。

用一些時間讓自己的店徹徹底底的脫胎換骨一番，換來的將會是日後消費者對你的肯定與信任。

課後複習 *Point*

讓消費者有賓至如歸的感覺，
他才會在可能的機會裡，願意無條件為我們宣傳。

Lesson 64 為自己訂下目標

從歷史上的軌跡，我們不難看出任何一位成功的人物，在他們的奮鬥過程中，總是先為自己訂定一個目標，然後本著鍥而不捨的精神，經歷過種種挫折，排除萬難以實現夢想。

任何成功都不是偶然，也不是唾手可得的，如同任何的失敗也都是在一點一滴的錯誤中累積而成的。付出，並不一定會有全然的收穫，但若不付出，則連成功的機會都沒有。

小商店的經營者，也應當為自己訂出一個目標，有目標的經營不會讓你覺得毫無目的，不知道自己的方向在哪裡。商店需要為自己訂目標，正如航行於汪洋大海中的船舶，也需有一個目標般的重要；有了目標就不會迷失經營的方向，也能讓自己安心的知道，下一步路要怎麼走下去。

為自己訂出遠程的目標，期許自己能成為業界的佼佼者，有了這種雄心壯志，也能作為激勵自己衝刺的原動力；為自己規劃出中程的目標，讓自己多加強本業上的知識。

學習的道路是永無止境的，當你擁有比別人還強的實力時，你就有著比別人還多的成功機會。

中程目標裡，找時間將自己的店汰舊換新一番，我們既然有心要好好經營這個事業而選擇了本書，那麼讀完這本書後，便讓一切都重新出發，真正的從心再出發。

短程目標則將之鎖定在自我要求中；自己店裡的缺點往往自己比別人還要清楚，而在原諒自己時，也都比原諒別人還要快速。有任何需要改進的地方，就確實的做改善，當消費者覺得你是一位認真肯負責而且不斷在要求自己為顧客求進步的店家時，消費者也願意給你機會的。

自助方為人助，若是連這最基本的第一步都沒有辦法踏出去，又怎能奢望邁向成功之路呢？你將今天的時間放在哪裡，收穫就在哪裡；你將一生的時間與心血放在哪裡，生中所獲得的成就也將在哪裡。

課後複習 *Point*

你將今天的時間放在哪裡，收穫就在哪裡。

Lesson 65

每天要有自我反省的心

在結束了一天忙碌的工作後，最重要的課題，不是急於結算今天的收入有多少，而是該先靜下心來檢討今天的工作表現上，有什麼地方是需要再加強改進的。

在對顧客的應對上面，有沒有什麼缺失，有哪些事情是必須在明天一早就要籌備的工作，例如向廠商訂貨，或是安排明天的工作流程，用筆記本詳細的寫下來，要有時時警惕自己的心，隨時鞭策自己。是否在工作上有什麼地方需要再加強，對消費者的服務項目，有哪些事情的做法改變，可以讓消費者更滿意我們的服務。

在如此競爭的社會裡，每一家商店無不絞盡腦汁，摸索著如何讓來店的顧客數增加，如何使店裡的業績更上一層樓，當大家都在努力以赴，求進步時，若你還在原地踏步，不用心思的好好反省，該怎麼求進步才能讓消費者的滿意度提高的話，總有那麼一天，你這家不求改革的店，早晚會被社會上競爭的洪流所淘汰。

夜深人靜之際，是人們思想最平和冷靜的時刻；每天夜晚，撥出一點點時間，讓自己在此時此刻好好沉澱一下白天的工作壓力，讓我們在安祥的氣氛中，為明天的奮鬥繼續加油打氣，替自己為今天所犯的錯誤畫下一個休止符。

一個習慣的養成，往往是在日積月累的歲月裡，於潛移默化之中一點一滴累積下來的。這種持續了幾十年的行為模式，想要在短時間內，做出一百八十度的大轉變，是一件很不容易達成的事情。

好習慣的養成與壞習慣的改變都一樣的困難！然而有志者事竟成，唯有下定決心，才能將壞習慣徹底改過來。

想要經營一家優秀而且出色的商店，並不是那麼簡單容易的，所以別讓壞習慣成為自然，否則這家店會在不知覺中被淘汰。

課後復習 *Point*

想要經營一家優秀且出色的商店並不是那麼簡單的，所以別讓壞習慣成為自然。

Lesson 66

把你想得到的創意，寫下來並實現

智慧是人類無窮的財富，創意更是一家成功的商店所不可缺少的。時時的求新求變，冀望商店的業績能夠脫穎而出，是每一位經營者追求的夢想。

一家充滿創意的商店比那些一成不變的商家，還更有成功的機會！而創意靈感的產生，經常是在某一本書裡的一句話，或在某一個場合的某一個動作所激發出來的。靈感來時，只是模模糊糊的一個觀念，若有若無的如電光火石般的一閃即逝。有了這種感覺時，似乎已經掌握了創意的思索方向，又總覺得還有一種沒能好好緊抱在懷裡的安全感。

為免除這種創意忽然而來，待需要用時，又有遍尋不著的遺珠之憾。不妨在平時養成隨身攜帶紙筆的習慣，當創意一來時，立即放下手邊的工作，將你的構想大致寫下來，等有時間時，再好好的思索著剛剛的創意，想想應該怎麼做才更能吸引消費者上門購物，再把方法條例出來確實執行。

成功，真的不是偶然，機會也不會平白無故的降臨在你面前；成功與機會是要靠自己去奮鬥和開創的。縱觀社會上每一位成功者的成長過程，總是充滿了艱辛、努力、時間、付出與無數次失敗的血淚故事，成功的人為自己找尋一次又一次的機會，失敗的人為自己找尋一遍又一遍的藉口。

想要成為業界的佼佼者，除了將自己分內的工作做好之外，還必須付出比別家店還多的心力，消費者在感受到你的努力與改革之後，也會被你的誠意所感動的。

課後復習 *Point*

智慧是人類無窮的財富，
創意更是一家成功的商店所不可缺少的。

第 7 講

小商店的忌諱

- ✓ 全家圍在店裡吃飯、看 8 點檔？
- ✓ 有每天記帳的習慣？

Lesson 67

店面的私人物品

在小商店裡，「家」通常就是我們快樂的工作場所，而工作場所也就是我們溫暖的家。夫妻倆在這環境之中，共同創業、相互扶持，也在這裡共享天倫之樂。有了小孩之後，在這個環境中，看著小孩一天天的成長茁壯，真是一件值得欣慰的事。然而，若是過度放任自己的小孩在店裡面跑來跑去的話，恐怕會給消費者一種很不專業的感覺。

我們試著將私人經營的傳統商店和大型連鎖店做比較，會發現一項很大的不同點——連鎖店的賣場，除了提供消費者選購的商品之外，並不做為居家生活的用途；在經營的管理上，連鎖店裡很難發現有屬於店員私人的物品擱置在店裡面。而在管理懶散的私人小商店裡，則是處處可見私人用品。

在私人小商店的賣場，常常都是住商合而為一的。克勤克儉的店家，盡量利用有限的小空間，樓上為住家，樓下為店面，開始一天的賣場生意。基於台灣人的傳統習慣，店面漸漸的變成平日生活起居的地方，在未能確實釐清住家與賣場的情形下，久而久之就習慣將家庭所用的私人用品任意往店裡面放。除了隨意在桌上放置著剛看過的報紙，小嬰兒剛使用過的奶瓶、玩具、瑣碎雜物甚至書包、課本、作業簿等等，也都隨意擱置，完全分不出這是家庭還是商店。

當消費者進門，想要選購他所希望的產品時，整個順暢的購物動線，不是被嬰兒車所阻擋，就是被雜亂的椅子所占據！小孩也隨意在店裡面跑來跑去，將整間店面當成是追逐嬉戲的遊樂場所。等到好不容易，有個客人上門要買東西時，再把原本堆積的雜物，挪到另一個地方，讓另一個地方繼續髒亂，一點也顯現不出一家專業商店應有的水準。

平心而論，看看同業之中經營頗有成就的商店裡，往往相當重視店裡的整潔工作；不只整間店裡面看不見私人用品之外，對於顧客的座椅、商品的擺設，也都排列得相當整齊，好準備隨時迎接上門的消費者。

看到這裡，經營店家的老闆們是否該好好想想，可以再任雜七雜八的東西堆積，讓店面看起來雜亂無章了嗎？相信聰明的你，已經有答案，也知道該怎麼去改善了！

課後複習 Point

一個雜亂的商店，不僅影響消費者的購物動線，更會給消費者一種很不專業的感覺。

68 Lesson……

和朋友在店裡聚會

身為一個成功的店主，本來就是要廣結善緣，多認識一些人，多邀請一些朋友來店裡聚聚，自然而然的，也會讓店的知名度提高，而來店的人一多，對店家的生意是有正面意義的。

在台灣，很多人與朋友聊天時，總喜歡用泡茶的方式來款待朋友，三五好友輕鬆愉快的聊天，確實可以增進彼此間的感情。然而，若一堆人只顧著圍坐在店裡泡茶、嗑瓜子、聊天，不僅會讓進門的消費者覺得這家店的休閒與事業分不清楚，進而產生格格不入的感覺之外，店主也會因為在介紹產品同時，因環境的吵雜而不自覺的提高音量，影響了消費者在聽你解說產品時的專注力和購買欲。

小商店的空間原本就有限，聊天時的音量會影響消費者購物時的心理，確是在所難免的。消費者也會有一種似乎打擾了你與朋友聚會聊天的感覺，進而想盡快離去。因此，除非你開的行業是茶藝館，否則不宜在店面跟朋友泡茶聊天。

倘若店裡面的空間夠大，那就另闢一個地方，供朋友來店裡找你時一起泡茶敘舊。

此外，也可將這個地方提供給消費者使用，讓消費者在等待包裝或商品交易時，有一個休憩的場所，不至於覺得時間過得那麼漫長。至於，設置的地點，不宜設置在顧客進門時就一眼看見的地方，如此一來，將功虧一簣，失去了設置此一地點的用意，而讓一切回到原點。

如果實在挪不出空間設置休憩室，而又想邀朋友來店裡聊天的話，應將朋友來店敘舊聊天的時間延至店面打烊之後，如此既可以兼顧朋友的情誼，又可以避免影響消費者。

課後複習 Point

開店確實要廣結善緣，但切忌本末倒置，反而忽略了該給予消費者的關注。

69 Lesson……

全家圍在店裡看電視

小店經營，基於人手上的考量，通常都是夫妻倆一起經營著偌大的店面，在冗長的工作時間裡，想要一方面照顧到店裡的生意，又希望在沒有顧客上門時，能打發那麼長的工作時間。於是，「看電視」似乎就成了一般小店的經營方式了，在工作時間看電視，也是台灣小商店的特有景觀，這在大公司或連鎖店是不可能出現的現象。

有些店東，將部分資金投入股票市場，期盼能在每天浮浮沉沉的股市中獲利，關心股市的程度甚至到了每天早上九點一到，電視一開，整個眼睛就直盯著螢幕看，看得目不轉睛，深恐一個眨眼，就會遺漏剛剛一閃而過的股價，整個早上的時間，就浪費在股價的起伏上面，心情也跟著股價起伏。一到了股市收盤，又忙著收看股票分析師分析今天股票漲跌的原因，投入的程度，幾乎到達忘我的境地，連店面最基本的清潔、該為顧客做的工作，都沒有完成，整顆心就懸在股價上打轉。

生意人靈活的運用資金創造財富，原本是天經地義的事，但一定要將重心放在本業上，不可本末倒置，將全部心思投注在股市中，儼然成為買賣股票是本行，而把每天辛苦經營的店當成副業。

也許今天在股市的獲利，多於店裡面的收入，然而，又有誰能夠保證，每天都能有這麼豐碩的收入呢？如果結算後，認為在股市上的獲利，遠遠大於本業的收入的話，那麼，倒不如結束店裡的營業，專心去做股票的投資，或許在全心全意的投入後，將會在股市裡賺得更多。若不盡然，奉勸太專注在股票市場的店家，還是把心思收回來，好好用心在本業上的經營與發展，這才是根本的經商之道。

根據統計顯示，大部分能在股市獲利的投資人，買賣股票還是以「中長期投資」為原則，選對了一家營運績效穩定的公司做投資，其獲利的機會，遠比頻繁進出的短線者投資還大，在短線上搶進搶出戴帽子的操作，到頭來得不償失的人還是居大多數。

有些店家，一到晚上小孩放學回家之後的時段，精彩的電視節目，更是讓全家人圍坐在電視機前欣賞，其忘我的程度，甚至連顧客上門了都不知道。夫妻經營的商店一整天的照顧下來是很辛苦的，看看電視娛樂一下自己，本也是人之常情。若是經過幾番考量後，還是想將電視機放在店裡，則要時時刻刻的提醒自己，千萬不可再因貪圖觀看電視節目，而疏忽了上門的顧客，及該完成的工作。

課後復習 Point

切記，千萬不可因貪圖看電視而疏忽了上門的顧客及該完成的工作。

Lesson 70

居家與店裡的開支要分開

小商店常有一個共通的習慣，那就是商店每天的營收，從來不記帳，營收多少全憑概念。心想，反正這就是我的店，又沒有人會來查帳，喜歡怎麼支配，就怎麼支配，於是就把所有支出，不管是要給廠商的貨款，或是居家生活上柴、米、油、鹽、醬、醋、茶等瑣碎的開銷，都從店裡面的收入支付。

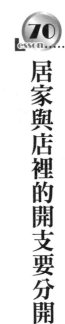

雖說我們每天所賺的錢，最終也都將在這些項目上支付出去，然而，將居家生活費用的款項和給予廠商的貨款分開，卻是絕對必須的。這麼做的好處在於，能夠有效的管理居家生活的開支，也能有系統的控制店裡面所需活用的營業資本，更能夠對於商店營業的起伏，有最基本的掌握與了解。

若沒能有效管理家裡面所需要的支出，而任由自己在每天的收入中，想拿多少就拿多少的話，會很容易在無形之中，增加很多居家生活所不必要的開銷。畢竟廠商並不是每天來跟你收貨款，而居家的花費是每天都要支付的。望著店裡面收進來的一張張花花綠綠的鈔票，隨手一拿，就毫無計劃的花用，等到要支付廠商貨款的時間一到，往往就會有捉襟見肘的窘境出現。

固定在每月的一天，提撥出一定的金額做為這個月的生活基本開支，在帳簿中，詳細列出日常生活必須支出的金額，再加上一筆特殊情況下必須動用的預備金，此後任何居家生活上大大小小的開銷，就都由這帳戶中提撥出去，舉凡小孩的補習費、家庭成員的置裝費與朋友的交際應酬等，都要詳細規劃的列出清單。店裡面每天的收入，除了有計劃性的支付貨款和購買必須的生財器具之外，不應該在支出項目內，有不屬於店裡生意之外的其他開支項目。

再於次月固定時間，結算出上月居家生活支出，以及店面營收、扣除貨款之後的結餘，此時，方可就這些結餘做些規劃，看是要做為店面的資金運用，續購進一些新產品，或是增加平時生活開銷金額的比例。

專款專用的效果，會讓你在同樣收入的情況下，有計畫的提高銀行的存款數目。

課後複習 *Point*

將店裡的開支獨立管理，才能對營業狀況的好壞有最基本的掌握。

Lesson 71

店裡不要有宗教色彩

最容易引起對立的話題，應該是「宗教」和「政治」的議題。

每個人或多或少都有自己的宗教信仰，對某些宗教意識特別有偏好的消費者，由於本身對宗教信仰的執著，甚至會到了容不下其他宗教的地步。而某些店家會在店裡供奉著他們心中所信仰的神像，祈求保佑店裡「生意興隆，闔家平安」。此時，若是有不同信仰的的消費者進門，一眼望去，只見有著跟他不同信仰的神明存在，一心捍衛起自己宗教的念頭，便不禁由然而生。

這時候，任憑店家多麼想用心挽留這位消費者，恐怕也會是件困難的事。若遇到對宗教信仰特別狂熱的消費者，在他們眼中「異教徒」所販賣的商品，更是不可能引起他們的興趣。

曾經有位經營美容院的業者找我幫忙，他納悶著他店裡有著「優秀的技術、一流的設備、合理的收費、親切的態度……」，但卻怎麼依舊不見生意好轉？在我親自去那家商店走訪一趟之後，立即感覺到這家商店的宗教色彩太過濃厚。

由於這位經營者是位虔誠的教徒，所以在店裡面整天都播放著經文，這對店東本身來說是「賞心悅目，十分祥和」的美好樂音，因此他也想把這種美好的感覺讓消費者一同分享。然而，對於非教友的消費者來說，或許只覺得這是很吵雜的聲音，根本感受不到這經文的莊嚴……。在此，我無意詆毀任何宗教，只是想提醒開店的老闆們一件事——「給顧客他最需要的，而不是給他們你認為最好的。」

至於政治話題，也是容易引起磨擦的項目之一，每個人都有自己所忠於的政黨，遇上理念合得來的消費者，固然在彼此的言談中能輕鬆愉快的交換心得，但面對不同黨派的消費者，卻很可能因此對立。

偏偏有些人對自己政黨的支持，是以一種「非理性」的方式去肯定，因而對其他政黨的所作所為都一概予以否定！若讀者還有印象的話，是否會回想起，每次只要到了選舉期間，新聞都會出現因為各自所支持的政黨不同，而引起口角、鬥毆的社會事件。

店東有著自己的宗教信仰與政黨歸屬是合理且正常的，但這種屬於個人的私領域行為，不可將之帶到店裡的經營層面。要從事這些宗教或政治活動，應該將時間安排在下班打烊之後，畢竟，店裡是做生意的地方，講求的是和氣生財，可不是製造紛爭。

課後複習 Point

給顧客他最需要的，
而不是給他們你認為最好的。

72 Lesson……

養成每天記帳的習慣

除非顧客已經跟你約定好什麼時候上門，否則永遠都不知道在下一刻會有什麼樣的顧客上門，甚至於今天是否還會有其他消費者上門，我們都無從掌握起。

在這種不可預期的前提下，要怎麼做才能有效率的找出大部分消費者上門的時間、所希望購買的商品和消費的金額？要解決這個問題，找出正確的答案，就得仰賴每天的記帳習慣。

為什麼得每天詳細的記帳呢？相信在一天十幾個小時漫長的營業時間裡，來店的顧客人數，一定有著多寡不同的比例——某些時段人多，某些時段人少。經由詳細的記帳統計方式下，我們可以將店面的清潔工作、貨品的上架，乃至於私人事務的處理，都盡快的在這段來店顧客較少的時間內完成，而不至於發生消費者都上門了，我們卻還在掃地，擦玻璃和整理內務的情形。

在每月的記帳資訊下，我們可以從全年的報表了解到，在一整年之中，店裡面的生意哪一月份比較清淡。如果你和家人，想要規劃個長一點的假期，可以將行程安排在這時候，如此一來將不會因為外出旅遊無法開門做生意，而忐忑不安。經由統計，我們將明白這是屬於比較淡季的月份，也會玩得輕鬆又自在，心裡面也較不會掛念著因為這趟旅行而損失了店裡因為沒營業而少的收入！

若店鋪需要做個大整修，也可以選擇在這時候，有了每天記帳的習慣之後，你將不會在旺季的時候裝潢店面，因為這一切都在你的掌握之中。除此之外，我們也可以很清楚的明白，什麼時候會是店裡生意最好的月份，在這幾個月之中，除了要多進一些比平時還多樣化的商品之外，更要保持足夠的庫存量，如此可以讓我們在生意到達巔峰之時，不至於面臨無貨可賣的窘境。

記帳的內容愈詳細，對你的幫助就愈大；記帳時間愈長久，準確度也愈高。記帳的內容，除了詳細的記載消費者所購買的金額之外，還需要記下交易時間，這麼做，會讓你輕易掌握顧客來店量最多的時刻。如果你的消費者總是在某一個時段，上門的機會較多，而你的人手又不夠招呼每一位上門的消費者時，那就必須考慮在這段時間增加工作人員，以應付每一位上門的顧客，如此，才不至於冷落了消費者。

至於交易貨品名稱與型號，也是在必須記載的項目之中。在有條不紊的記錄下，我們可以發現哪些商品是暢銷品，哪些商品是滯銷品。如果是暢銷品，即表示它目前正是熱門的商品。既然是大家都能接受的貨物，我們就可以再適度的增加此商品的進貨量，而不會因為盲目的進貨，導致屯積太多不好銷售的產品。

課後復習 Point

記帳的內容，包括消費者所購買的金額、交易時間、交易貨品名稱與型號。

72 堂課總複習

1 **小店的親切感：**好好活用小商店的優勢，讓消費者覺得這是一家屬於他的店。

2 **從店門外，看店裡面：**試著跳脫苦等顧客上門的小框框，走出去，從外面看看自己的店面，想一想哪些地方需要改進。

3 **醒目的招牌，是吸引顧客注意的第一步：**只要用心做，「處處」都是介紹店名讓消費者加深印象的好地方。

4 **愉快的開店門：**好演員會珍惜每次上台表演的機會，優秀的店員，也要懂得珍惜每次消費者給予的機會。

5 **營業時間的固定：**該休息時就放鬆心情坦蕩的休息！該工作時就盡全力專心的工作！

6 **店面的基本照明：**明亮的燈光不只能吸引消費者上門，營造店裡充滿朝氣的氣氛，更可以表現商品的質感。

7 **舒適的購物環境：**在你盡心為顧客著想的情形下，相信任何一位消費者都願意放慢腳步，在店裡多做瀏覽。

8 **商品的陳列：**同樣是店裡所擁有的商品，如果擺放位置錯誤的話，將不能提高店裡的營業額。

9 **坐顧客的位置：**不只要以消費者的眼光去看整家店，更要以消費者的心體會整間店的感覺，才能創造黃金店面。

10 **進貨量的比例分配：**「進貨的款式、數量」不能全憑店家個人的喜好，而要客觀判斷市場流行趨勢所在。

11 **貨物的管理：**要如何處裡這些屯積在店裡的過時商品，是需要商店的經營者用心思考量的！

12 **賣客人他所需要的商品：**銷售的原則在於你能夠賣出消費者最想擁有的產品和他所最願意支付的價格。

13 **開放式的商品展示：**愈來愈多商店願意以「開放架的方式」陳列商品，讓消費者有更多接觸商品的機會，進而引起購買欲望。

14 **商品的清潔工作：**整潔的環境與商品不只是餐飲業的基本工作，也是每一個行業都要隨時謹慎注意的。

15 **商品的訂價：**一件沒有訂價的商品，會使想要購買此商品的消費者心生怯步進而打消購買的念頭。

16 **商品訂價的標準：**商品訂價與「進貨成本」、「商場開支」、「損壞或滯貨成本」及「所欲賺取的利潤」等等有關。

17 **商品的保存期限：**成功的推銷不只要贏得酬勞，更要贏得顧客的信任。

18 **擁有眾多產品商店的應對：**你對顧客的態度愈尊重，消費者給予的回報也愈多。

19 **不要對第一個進門的客人，就要求收服務費：**生意成交時的愉悅，不單只源於酬勞，更深一層的是消費者對我們的信任。

20 **不是來店裡消費的停車問題：**多以消費者的立場，為消費者設想──「能再為顧客做什麼」──是每位經營者應有的態度。

21 **找給顧客的錢：**店裡面的金錢收入要有一個專門收納的地方，不宜將店東口袋中的皮夾當成收銀台。

22 **不要眾多店員，圍繞著一位客人推銷：**消費者進門時，做為一位優秀的店員必須確實做到察言觀色的地步。

23 **給顧客的承諾，要於期限內確實完成：**別再對你不懂的事做出承諾，也不可以承諾明知道自己無法完成的事情。

24 **記住顧客的個人資料：**以消費者的立場為他找出最適合的產品，只要消費者的感覺對了，這就是一件好商品。

25 **給予顧客的折扣，要有一定的標準：**沒有給予消費者一定標準的折扣，不僅對自己沒有好處，也會對未來的生意造成莫大傷害。

26 **用攝影機記錄與顧客的對話：**能否完成交易，往往跟售貨員能不能充分掌握說話技巧、音量與態度，有著極大的關係。

27 **制定一套標準的待客流程：**純熟的待客技巧，必須經由自己一而再、再而三，經常反覆加以練習，才可以具備。

28 **對每一個來店裡的客人致謝：**感謝的態度要出自內心而不虛偽做作，你的真心誠意消費者絕對感受得到。

29 **讚美顧客的要領：**每個人都有值得欣賞的特點，而我們要做的就是把屬於消費者的特質，真誠的說出來。

30 **找尋為客戶做額外服務的機會：**你能找到越多服務消費者的機會，就能讓越多消費者看到你，讓你在眾多商店中脫穎而出。

31 **增加來店人數的技巧：**只要用些小技巧，就能讓消費者對你的店多增加一點印象。

32 **懂得消費者心理的老闆：**「以消費者的立場考量消費者需要」的經營態度，正是商店在競爭中持續成長、茁壯的關鍵。

33 **客人要的是隨和，不是隨便：**具有親和力的打扮更容易跟消費者在實際生活上融合在一起，消弭購物時產生的壓迫感。

34 **了解客人購物的七個心理步驟**：了解消費者購物的心理，將有助於掌握整個交易的脈絡，繼而輕鬆完成每筆交易。

35 **找出最大族群的客戶**：顧客不可能自己源源而來，生意要好就要先考量在哪裡做什麼生意，以什麼價格在何時賣給誰。

36 **顧客資料的建立**：完善的客戶資料管理，讓我們能夠很輕易的掌握住消費者的喜好與需求。

37 **對於顧客常問的問題**：空口說白話的交易方式是很難讓消費者信服的，最好再補充一些數據資料。

38 **售出使用方式複雜的商品時**：面對複雜商品，最好在售出後打個電話給顧客詢問使用的狀況，讓顧客對你印象深刻。

39 **貼心的服務**：對顧客做些親切貼心的小動作，不用花費太多時間與金錢，就能拉近店家與消費者之間的距離。

40 **培養自信宏亮的語氣：**自信心的養成來自於對商品的充分認識，也來自本身所擁有的專業知識。

41 **對產品的解說要詳細但不能囉嗦：**對消費者解說時，別使用太多艱澀難懂的專有名詞來增加消費者對你具有專業知識的錯覺。

42 **微笑和顧客的交談：**給消費者的微笑，要勇敢的表達出來讓消費者知道！

43 **為顧客說明商品優缺點的技巧：**同樣的文字、同樣的內容，會因表達時的先後順序不同而帶給人們截然不同的感覺。

44 **賣兩件商品以上的方式：**柔性的銷售方式往往能在既有利潤中增加更多營業額，並讓消費者感受到店家的用心和服務。

45 **剛進門的新顧客：**勇敢踏出與陌生人交談的第一步，你會發現，其實他們也正期待著有人來和他說話呢！

46 **誠實的對待顧客：**如果有心想要永續經營目前的事業，誠實的對待每一位顧客是一位經營者最基礎的理念！

47 **售後服務的重要性：**每一家商店對消費者所提供的服務，比的是「服務內容」、「服務品質」與「顧客的滿意程度」。

48 **專業知識的傳遞：**服務顧客也是很重要的，賺不賺錢是其次。讓顧客的疼痛能夠解除，才是我們經營努力的目標。

49 **充沛的商品：**只要有巧思，消費者的福利變多，店家的利潤也增加，而商店的投資成本卻不會隨著增加。

50 **廣告的方式及價格：**透過形象廣告，將正確的觀念傳遞給消費者，便能在消費者心中悄然建立起店家的專業形象。

51 **申請0800的電話，做為與顧客聯絡的工具：**為自己的店多爭取讓消費者青睞的機會，總比苦等消費者上門還來得容易些吧！

52 **別讓消費者忘了你的存在：**對消費者的關懷盡量不要摻雜太多商業色彩，點到為止，讓消費者不要忘了你的存在即可。

53 **小店的布置及行銷：**開卷有益，從書本上我們可以很快速的學得別人所有的經驗與心得，來作為布置及行銷的參考。

54 **學習別人成功的優點：**「換一個環境、換一個角度」去思考相同的問題，你的答案會是客觀且公正的。

55 **多參加社團活動：**要廣結善緣的多認識一些人，繼而開拓無可限量的業績。

56 **面對連鎖店的折扣戰：**在店家能獲得合理利潤的原則下，不僅能保障消費者應有的權益，更能確保店家服務的品質。

57 **實地了解連鎖店的經營手法：**孫子兵法中，有一句耳熟能詳的至理名言：「正所謂善戰者，知己知彼，百戰不殆。」

58 **不景氣時的應對：**整個消費市場是一直存在的，並未因景氣不佳就消失了，不過是被用心經營的店家瓜分了。

59 **服務和信譽是店家追求的目標：**現代商業的競爭，應該著重強調本身的專業技術、商品品質與服務內容。

60 **與供應廠商建立良好的關係：**廠商不只能夠提供我們更充裕的貨品資訊，也能供給我們更多專業知識，以及更多優惠。

61 **和同業之間建立良好的關係：**批評同業的是非，全然是吃力不討好、損人而不利己的不智之舉。

62 **口袋裡準備的名片：**除了平時多訓練自己幽默風趣的談吐外，精心設計的名片也常能帶給初次見面者深刻的印象。

63 **積沙成塔的經營：**讓消費者有賓至如歸的感覺，他才會在可能的機會裡，願意無條件為我們宣傳。

64 **為自己訂下目標：**你將今天的時間放在哪裡，收穫就在哪裡。

65 **每天要有自我反省的心：**想要經營一家優秀且出色的商店並不是那麼簡單的，所以別讓壞習慣成為自然。

66 **把你想得到的創意，寫下來並實現：**智慧是人類無窮的財富，創意更是一家成功的商店所不可缺少的。

67 **店面的私人物品：**一個雜亂的商店，不僅影響消費者的購物動線，更會給消費者一種很不專業的感覺。

68 **和朋友在店裡聚會：**開店確實要廣結善緣，但切忌本末倒置，反而忽略了該給予消費者的關注。

69 **全家圍在店裡看電視：**切記，千萬不可因貪圖看電視而疏忽了上門的顧客及該完成的工作。

70 **居家與店裡的開支要分開：**將店裡的開支獨立管理，才能對營業狀況的好壞有最基本的掌握。

71 **店裡不要有宗教色彩：**給顧客他最需要的，而不是給他們你認為最好的。

72 **養成每天記帳的習慣：**記帳的內容，包括消費者所購買的金額、交易時間、交易貨品名稱與型號。

大都會文化圖書目錄

●度小月系列

路邊攤賺大錢【搶錢篇】	280 元	路邊攤賺大錢 2【奇蹟篇】	280 元
路邊攤賺大錢 3【致富篇】	280 元	路邊攤賺大錢 4【飾品配件篇】	280 元
路邊攤賺大錢 5【清涼美食篇】	280 元	路邊攤賺大錢 6【異國美食篇】	280 元
路邊攤賺大錢 7【元氣早餐篇】	280 元	路邊攤賺大錢 8【養生進補篇】	280 元
路邊攤賺大錢 9【加盟篇】	280 元	路邊攤賺大錢 10【中部搶錢篇】	280 元
路邊攤賺大錢 11【賺翻篇】	280 元	路邊攤賺大錢 12【大排長龍篇】	280 元

● DIY 系列

路邊攤美食 DIY	220 元	嚴選台灣小吃 DIY	220 元
路邊攤超人氣小吃 DIY	220 元	路邊攤紅不讓美食 DIY	220 元
路邊攤流行冰品 DIY	220 元	路邊攤排隊美食 DIY	220 元
把健康吃進肚子— 40 道輕食料理 easy 做	250 元		

●流行瘋系列

跟著偶像 FUN 韓假	260 元	女人百分百—男人心中的最愛	180 元
哈利波特魔法學院	160 元	韓式愛美大作戰	240 元
下一個偶像就是你	180 元	芙蓉美人泡澡術	220 元
Men 力四射—型男教戰手冊	250 元	男體使用手冊－ 35 歲⁺♂保健之道	250 元
想分手？這樣做就對了！	180 元		

●生活大師系列

遠離過敏— 打造健康的居家環境·	280 元	這樣泡澡最健康— 紓壓・排毒・瘦身三部曲	220 元
兩岸用語快譯通	220 元	台灣珍奇廟—發財開運祈福路	280 元
魅力野溪溫泉大發見	260 元	寵愛你的肌膚—從手工香皂開始	260 元
舞動燭光—手工蠟燭的綺麗世界	280 元	空間也需要好味道— 打造天然香氛的 68 個妙招	260 元
雞尾酒的微醺世界— 調出你的私房 Lounge Bar 風情	250 元	野外泡湯趣—魅力野溪溫泉大發見	260 元
肌膚也需要放輕鬆— 徜徉天然風的 43 項舒壓體驗	260 元	辦公室也能做瑜珈— 上班族的紓壓活力操	220 元

別再說妳不懂車— 男人不教的 Know How	249 元	一國兩字—兩岸用語快譯通	200 元
宅典	288 元	超省錢浪漫婚禮	250 元

●寵物當家系列

Smart 養狗寶典	380 元	Smart 養貓寶典	380 元
貓咪玩具魔法 DIY— 讓牠快樂起舞的 55 種方法	220 元	愛犬造型魔法書—讓你的寶貝漂亮一下	260 元
漂亮寶貝在你家—寵物流行精品 DIY	220 元	我的陽光・我的寶貝—寵物真情物語	220 元
我家有隻麝香豬—養豬完全攻略	220 元	SMART 養狗寶典（平裝版）	250 元
生肖星座招財狗	200 元	SMART 養貓寶典（平裝版）	250 元
SMART 養兔寶典	280 元	熱帶魚寶典	350 元
Good Dog—聰明飼主的愛犬訓練手冊	250 元		

●人物誌系列

現代灰姑娘	199 元	黛安娜傳	360 元
船上的 365 天	360 元	優雅與狂野—威廉王子	260 元
走出城堡的王子	160 元	殞逝的英格蘭玫瑰	260 元
貝克漢與維多利亞—新皇族的真實人生	280 元	幸運的孩子—布希王朝的真實故事	250 元
瑪丹娜—流行天后的真實畫像	280 元	紅塵歲月—三毛的生命戀歌	250 元
風華再現—金庸傳	260 元	俠骨柔情—古龍的今生今世	250 元
她從海上來—張愛玲情愛傳奇	250 元	從間諜到總統—普丁傳奇	250 元
脫下斗篷的哈利—丹尼爾・雷德克里夫	220 元	蛻變—章子怡的成長紀實	260 元
強尼戴普— 可以狂放叛逆，也可以柔情感性	280 元	棋聖 吳清源	280 元
華人十大富豪—他們背後的故事	250 元	世界十大富豪—他們背後的故事	250 元

●心靈特區系列

每一片刻都是重生	220 元	給大腦洗個澡	220 元
成功方與圓—改變一生的處世智慧	220 元	轉個彎路更寬	199 元
課本上學不到的 33 條人生經驗	149 元	絕對管用的 38 條職場致勝法則	149 元
從窮人進化到富人的 29 條處事智慧	149 元	成長三部曲	299 元
心態—成功的人就是和你不一樣	180 元	當成功遇見你—迎向陽光的信心與勇氣	180 元
改變，做對的事	180 元	智慧沙	199 元（原價 300 元）
課堂上學不到的 100 條人生經驗	199 元 （原價 300 元）	不可不防的 13 種人	199 元（原價 300 元）

不可不知的職場叢林法則	199 元（原價 300 元）	打開心裡的門窗	200 元
不可不慎的面子問題	199 元（原價 300 元）	交心—別讓誤會成為拓展人脈的絆腳石	199 元
方圓道	199 元	12 天改變一生	199 元（原價 280 元）
氣度決定寬度	220 元	轉念—扭轉逆境的智慧	220 元
氣度決定寬度 2	220 元	逆轉勝—發現在逆境中成長的智慧	199 元（原價 300 元）
智慧沙 2	199 元		

● SUCCESS 系列

七大狂銷戰略	220 元	打造一整年的好業績—店面經營的 72 堂課	200 元
超級記憶術—改變一生的學習方式	199 元	管理的鋼盔—商戰存活與突圍的 25 個必勝錦囊	200 元
搞什麼行銷— 152 個商戰關鍵報告	220 元	精明人聰明人明白人—態度決定你的成敗	200 元
人脈 = 錢脈—改變一生的人際關係經營術	180 元	週一清晨的領導課	160 元
搶救貧窮大作戰？ 48 條絕對法則	220 元	搜驚 ‧ 搜精 ‧ 搜金 —從 Google 的致富傳奇中，你學到了什麼？	199 元
絕對中國製造的 58 個管理智慧	200 元	客人在哪裡？—決定你業績倍增的關鍵細節	200 元
殺出紅海—漂亮勝出的 104 個商戰奇謀	220 元	商戰奇謀 36 計—現代企業生存寶典 I	180 元
商戰奇謀 36 計—現代企業生存寶典 II	180 元	商戰奇謀 36 計—現代企業生存寶典 III	180 元
幸福家庭的理財計畫	250 元	巨賈定律—商戰奇謀 36 計	498 元
有錢真好！輕鬆理財的 10 種態度	200 元	創意決定優勢	180 元
我在華爾街的日子	220 元	贏在關係—勇闖職場的人際關係經營術	180 元
買單！一次就搞定的談判技巧	199 元（原價 300 元）	你在說什麼？—39 歲前一定要學會的 66 種溝通技巧	220 元
與失敗有約 —13 張讓你遠離成功的入場券	220 元	職場 AQ —激化你的工作 DNA	220 元
智取—商場上一定要知道的 55 件事	220 元	鏢局—現代企業的江湖式生存	220 元
到中國開店正夯《餐飲休閒篇》	250 元	勝出！—抓住富人的 58 個黃金錦囊	220 元
搶賺人民幣的金雞母	250 元	創造價值—讓自己升值的 13 個秘訣	220 元
李嘉誠談做人做事做生意	220 元	超級記憶術（紀念版）	199 元
執行力—現代企業的江湖式生存	220 元	打造一整年的好業績—店面經營的 72 堂課	220 元

●都會健康館系列

秋養生—二十四節氣養生經	220 元	春養生—二十四節氣養生經	220 元
夏養生—二十四節氣養生經	220 元	冬養生—二十四節氣養生經	220 元
春夏秋冬養生套書	699 元（原價 880 元）	寒天—0 卡路里的健康瘦身新主張	200 元
地中海纖體美人湯飲	220 元	居家急救百科	399 元（原價 550 元）
病由心生—365 天的健康生活方式	220 元	輕盈食尚—健康腸道的排毒食方	220 元
樂活，慢活，愛生活—健康原味生活 501 種方式	250 元	24 節氣養生食方	250 元
24 節氣養生藥方	250 元	元氣生活—日の舒暢活力	180 元
元氣生活—夜の平靜作息	180 元	自療—馬悅凌教你管好自己的健康	250 元
居家急救百科（平裝）	299 元	秋養生—二十四節氣養生經	220 元

● CHOICE 系列

入侵鹿耳門	280 元	蒲公英與我—聽我說說畫	220 元
入侵鹿耳門（新版）	199 元	舊時月色（上輯＋下輯）	各 180 元
清塘荷韻	280 元	飲食男女	200 元
梅朝榮品諸葛亮	280 元	老子的部落格	250 元
孔子的部落格	250 元	翡冷翠山居閒話	250 元
大智若愚	250 元		

● FORTH 系列

印度流浪記—滌盡塵俗的心之旅	220 元	胡同面孔— 古都北京的人文旅行地圖	280 元
尋訪失落的香格里拉	240 元	今天不飛—空姐的私旅圖	220 元
紐西蘭奇異國	200 元	從古都到香格里拉	399 元
馬力歐帶你瘋台灣	250 元	瑪杜莎艷遇鮮境	180 元

●大旗藏史館

大清皇權遊戲	250 元	大清后妃傳奇	250 元
大清官宦沉浮	250 元	大清才子命運	250 元
開國大帝	220 元	圖說歷史故事—先秦	250 元
圖說歷史故事—秦漢魏晉南北朝	250 元	圖說歷史故事—隋唐五代兩宋	250 元
圖說歷史故事—元明清	250 元	中華歷代戰神	220 元
圖說歷史故事全集	880 元（原價 1000 元）	人類簡史—我們這三百萬年	280 元

●大都會運動館

野外求生寶典—活命的必要裝備與技能	260 元	攀岩寶典—安全攀登的入門技巧與實用裝備	260 元
風浪板寶典—駕馭的駕馭的入門指南與技術提升	260 元	登山車寶典—鐵馬騎士的駕馭技術與實用裝備	260 元
馬術寶典—騎乘要訣與馬匹照護	350 元		

●大都會休閒館

賭城大贏家—逢賭必勝祕訣大揭露	240 元	旅遊達人—行遍天下的 109 個 Do & Don't	250 元
萬國旗之旅—輕鬆成為世界通	240 元		

●大都會手作館

樂活，從手作香皂開始	220 元	Home Spa & Bath —玩美女人肌膚的水嫩體驗	250 元

●世界風華館

環球國家地理 · 歐洲（黃金典藏版）	250 元	環球國家地理 · 亞洲 · 大洋洲（黃金典藏版）	250 元
環球國家地理 · 非洲 · 美洲 · 兩極（黃金典藏版）	250 元	中國國家地理 · 華北 · 華東（黃金典藏版）	250 元

● BEST 系列

人脈 = 錢脈—改變一生的人際關係經營術（典藏精裝版）	199 元	超級記憶術—改變一生的學習方式	220 元

● STORY 系列

失聯的飛行員—一封來自 30,000 英呎高空的信	220 元

● FOCUS 系列

中國誠信報告	250 元	中國誠信的背後	250 元
誠信—中國誠信報告	250 元	龍行天下—中國製造未來十年新格局	250 元

●禮物書系列

印象花園 梵谷	160 元	印象花園 莫內	160 元
印象花園 高更	160 元	印象花園 竇加	160 元
印象花園 雷諾瓦	160 元	印象花園 大衛	160 元
印象花園 畢卡索	160 元	印象花園 達文西	160 元
印象花園 米開朗基羅	160 元	印象花園 拉斐爾	160 元
印象花園 林布蘭特	160 元	印象花園 米勒	160 元
絮語說相思 情有獨鍾	200 元		

●精緻生活系列

女人窺心事	120 元	另類費洛蒙	180 元
花落	180 元		

● CITY MALL 系列

別懷疑！我就是馬克大夫	200 元	愛情詭話	170 元
唉呀！真尷尬	200 元	就是要賴在演藝	180 元

●親子教養系列

孩童完全自救寶盒（五書 + 五卡 + 四卷錄影帶）	3,490 元（特價 2,490 元）	孩童完全自救手冊一這時候你該怎麼辦（合訂本）	299 元
我家小孩愛看書一Happy 學習 easy go ！	200 元	天才少年的 5 種能力	280 元
哇塞！你身上有蟲！一學校忘了買、老師不敢教，史上最髒的科學書	250 元		

◎關於買書：

1. 大都會文化的圖書在全國各書店及誠品、金石堂、何嘉仁、搜主義、敦煌、紀伊國屋、諾貝爾等連鎖書店均有販售，如欲購買本公司出版品，建議你直接洽詢書店服務人員以節省您寶貴時間，如果書店已售完，請撥本公司各區經銷商服務專線洽詢。
   北部地區：(02)85124067　桃竹苗地區：(03)2128000　中彰投地區：(04)27081282
   雲嘉地區：(05)2354380　臺南地區：(06)2642655　高屏地區：(07)3730079
2. 到以下各網路書店購買：
   大都會文化網站（http://www.metrobook.com.tw)
   博客來網路書店（http://www.books.com.tw)
   金石堂網路書店（http://www.kingstone.com.tw)
3. 到郵局劃撥：
   戶名：大都會文化事業有限公司　帳號：14050529
4. 親赴大都會文化買書可享 8 折優惠。

打造一整年的 好業績 ——店面經營的72堂課

Lessons for the Management of a Shop

作　　者　許泰昇

發 行 人　林敬彬
主　　編　楊安瑜
編　　輯　沈維君、蔡穎如
美術編排　帛格有限公司
封面設計　Chris' Office

出　　版　大都會文化事業有限公司　行政院新聞局北市業字第89號
發　　行　大都會文化事業有限公司
110台北市信義區基隆路一段432號4樓之9
讀者服務專線：(02)27235216
讀者服務傳真：(02)27235220
電子郵件信箱：metro@ms21.hinet.net
網　　　址：www.metrobook.com.tw

郵政劃撥　14050529 大都會文化事業有限公司
出版日期　2008年11月二版一刷
定　　價　220元
ISBN　978-986-6846-51-9
書　　號　Success-036

First published in Taiwan in 2008 by
Metropolitan Culture Enterprise Co., Ltd.
4F-9, Double Hero Bldg., 432, Keelung Rd., Sec. 1, Taipei 110, Taiwan
Tel:+886-2-2723-5216　Fax:+886-2-2723-5220
E-mail:metro@ms21.hinet.net
Web-site:www.metrobook.com.tw

大都會文化 METROPOLITAN CULTURE

國家圖書館出版品預行編目資料

打造一整年的好業績：店面經營的72堂課 / 許泰昇著 -- 二版. -- 臺北市：大都會文化, 2008.11
面；　公分. -- (Success；36)

ISBN 978-986-6846-51-9 (平裝)

1.商店管理　2.創業

498　　97019791

大都會文化 **大都會文化** 讀者服務卡

書名：**打造一整年的好業績——店面經營的72堂課**

謝謝您選擇了這本書！期待您的支持與建議，讓我們能有更多聯繫與互動的機會。

A. 您在何時購得本書：______年______月______日

B. 您在何處購得本書：____________書店，位於____________(市、縣)

C. 您從哪裡得知本書的消息：

1.□書店 2.□報章雜誌 3.□電台活動 4.□網路資訊

5.□書籤宣傳品等 6.□親友介紹 7.□書評 8.□其他

D. 您購買本書的動機：（可複選）

1.□對主題或內容感興趣 2.□工作需要 3.□生活需要

4.□自我進修 5.□內容為流行熱門話題 6.□其他

E. 您最喜歡本書的：（可複選）

1.□內容題材 2.□字體大小 3.□翻譯文筆 4.□封面 5.□編排方式 6.□其他

F. 您認為本書的封面：1.□非常出色 2.□普通 3.□毫不起眼 4.□其他

G. 您認為本書的編排：1.□非常出色 2.□普通 3.□毫不起眼 4.□其他

H. 您通常以哪些方式購書：(可複選)

1.□逛書店 2.□書展 3.□劃撥郵購 4.□團體訂購 5.□網路購書 6.□其他

I. 您希望我們出版哪類書籍：（可複選）

1.□旅遊 2.□流行文化 3.□生活休閒 4.□美容保養 5.□散文小品

6.□科學新知 7.□藝術音樂 8.□致富理財 9.□工商企管 10.□科幻推理

11.□史哲類 12.□勵志傳記 13.□電影小說 14.□語言學習（____語）

15.□幽默諧趣 16.□其他

J. 您對本書(系)的建議：

____

K. 您對本出版社的建議：

____

讀者小檔案

姓名：____________ 性別：□男 □女 生日：____年____月____日

年齡：□20歲以下 □21～30歲 □31～40歲 □41～50歲 □51歲以上

職業：1.□學生 2.□軍公教 3.□大眾傳播 4.□服務業 5.□金融業 6.□製造業

7.□資訊業 8.□自由業 9.□家管 10.□退休 11.□其他

學歷：□國小或以下 □國中 □高中／高職 □大學／大專 □研究所以上

通訊地址：______________________________

電話：（H）____________（O）____________ 傳真：____________

行動電話：____________ E-Mail：________________

◎謝謝您購買本書，也歡迎您加入我們的會員，請上大都會文化網站 www.metrobook.com.tw 登錄您的資料。您將不定期收到最新圖書優惠資訊和電子報。

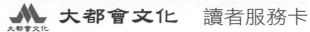

打造一整年的好業績

Lessons for the Management of a Shop

店面經營的72堂課

北區郵政管理局
登記證北台字第9125號
免貼郵票

大都會文化事業有限公司
讀者服務部 收
110台北市基隆路一段432號4樓之9

寄回這張服務卡〔免貼郵票〕
您可以：
◎不定期收到最新出版訊息
◎參加各項回饋優惠活動

大都會文化
METROPOLITAN CULTURE

大都會文化
METROPOLITAN CULTURE

大都會文化
METROPOLITAN CULTURE

大都會文化
METROPOLITAN CULTURE